고수의
여행비법

- 항공편 -

고수의 여행비법
– 항공편 –

초판인쇄   2017년 12월 5일
초판발행   2017년 12월 11일

지 은 이   김재석·최현아
발 행 인   오세형
디 자 인   조진

제작지원   TOPIK KOREA

발 행 처   (주)도서출판 참
등록일자   2014년 10월 12일
등록번호   제319-2015-52호
주   소   서울시 동작구 사당로 188
전   화   도서 내용 문의 (02)6294-5742
           도서 주문 문의 (02)6294-5743
팩   스   (02)6294-5747
블 로 그   blog.naver.com/cham_books
이 메 일   cham_books@naver.com

ISBN 979-11-88572-03-8(03980)

※ 여러분의 소중한 원고를 기다립니다. cham_books@naver.com

고수의
여행비법
- 항공편 -

김재석 · 최현아 지음

도서출판 참

누구나 바쁜 일상에서 벗어나 해외여행을 떠나는 계획을 세우고 실행하기 위해 노력하고 있다. 그러나 거기에는 생각보다 다양한 지식과 노력이 필요하다. 이 책에서는 항공여행할 때 발생하는 여러 가지 문제를 해결할 방법을 제시하고자 한다. 이 책에서 제시된 여행비법은 말 그대로 비법일 뿐 항공·여행업계 전문가와 상의하는 것이 최선이지만 처음에는 아무도 알려주지 않는다.

우리는 고수처럼 여행할 수 있는 다양한 주제들에 대해 일선 전문가들에게 조언을 요청해 일부 내용의 검토를 받았다.

여기에 실린 모든 정보는 필자의 경험, 인터넷상 떠도는 수많은 자료와 전문가들의 노하우를 직접 입수한 것이다.

이 프로젝트를 시작했을 때 우리도 여행고수는 아니었다. 당신과 같은 평범한 여행 초보였다. 단지 남들보다 항공기를 좀 더 많이 타야 했고 타고 싶었다. 우리는 항공사가 제공하는 여러 서비스들에 대해 알아가는 과정에서 뭔가 더 있을 것만 같고 없을 것 같기도 한 다양한 정보들에 관

심을 갖기 시작했다.

고수의 여행비법에서는 특히 '항공편'을 잘 이용하는 방법에 대한 많은 이야기들을 담기 위해 관련 전문가들의 의견에 귀를 기울였다. 이 책에서는 항공권 구매, 항공료, OTA^{Online Travel Agency, 온라인 여행 대행사}, 항공 연맹 ^{Alliance}, 항공 여정, 좌석 등급, 마일리지 적립과 사용, 좌석과 기내식, 공항 라운지, 환승 방법과 서비스, 여행자보험, PP^{Priority Pass} 카드 등의 수많은 자료와 전문가 팁 정보를 담았다.

당신이 혼자 또는 가족과 해외여행을 계획한다면 이 책을 가까이 두길 바란다. 재미와 정보 두 마리 토끼를 모두 잡을 수 있다. 여행을 떠나고 싶다면 이 책을 보라.

사랑하는 친구와 지인들에게 한 권씩 준다면 당장 당신과 여행을 떠나고 싶을 것이다.

차례

머리말 · 4

Part 1 항공권 구매하기

Part 2 항공사 서비스받기

Part 3 공항 이용하기

Part 4 마일리지 적립과 사용하기

Part 5 고수의 사소한 여행비법들

Part 1

항공권 구매하기

적합한 항공권을 구매하려면

여행 일정을 정했다면 일정에 맞는 항공 스케줄을 확인하고 티켓을 구매하면 된다. 이때 항공사 홈페이지나 앱을 이용해 일일이 비교하기보다 항공편 검색 사이트나 앱을 이용해 여행 일정과 시간, 경유 여부, 탑승자 수와 좌석 등급 등 다양한 필터 기능을 이용해 본인에게 적합한 항공권을 구매할 수 있다.

TIP

다양한 필터 기능을 이용해 당신에게 적합한 항공권을 구매할 수 있다.

필터(조건)

승객 정보
성인 1명
이코노미 클래스 〉

경유
직항, 1회 경유 〉

총 비행시간
전체 〉

이륙시간
모든 시간 〉

공항
GMP, ICN, FUK 〉

항공사
대한항공(KAL), 아시아나항공 및 7개의… 〉

모바일 사이트
모든 결과 〉

여러 경로 예약
숨겨짐 〉

저렴한 항공권을 구매하려면

부모님·가족, 혼자, 친구와의 여행 등을 계획하고 있다면 항공권 구매를 위해 대부분 대형 항공사Full Service Carrier, FSC를 생각할 것이다. 그러나 대형 항공사들은 가격이 비싸 전체 여행경비가 증가하는 단점이 있다. 여행 전 항공권 구입비용을 줄여 현지에서 다양한 경험을 하는 데 지출을 늘리고 싶다면 대형 항공사의 항공권은 부담이 될 수 있다. 최근 저비용 항공사Low Cost Carrier, LCC 항공권 구입도 늘고 있으나 비좁은 좌석, 수하물 및 기내식 유료화, 연착 및 지연에 따른 불편 등의 단점이 있다.

항공권 구매 시 당신이 가장 중시하는 요소가 가격이라면 대표적인 몇 가지 방법을 소개하겠다. 우리가 사는 스마트한 세상, 인터넷 모바일 시대에 당신이 몰랐던 더 저렴하고 합리적인 항공권을 구하는 방법을 알아보자!

01 항공권 비교 사이트의 대표주자 OTAOnline Travel Agency를 활용하자

우리가 물건을 살 때 포털 사이트에서 가격을 비교하듯이 항공권도 가격 비교를 할 수 있다. 그중 중계역할만 수행하는 OTA가 있다. OTA는 1%의 중계수수료로 항공사나 여행사와 연결해주는 가격 비교 서비스를 제공하고 있다.

국내에서는 네이버 항공권, 하나투어 글로벌 플라이트Global flight, 옥션, 지마켓, 11번가 등 약 10여 개가 대표적이다. 2017년 상반기부터 티몬에서도 실시간 항공 서비스를 제공하고 있으며 가격 비교가 가능하다. 해외에서는 스카이스캐너skyscanner, 카약kayak, 구글플라이트googleflights, 익스피디아expedia, 모몬도momondo 등이 있다. 그중 스카이스캐너와 카약은 국내에서도 인기가 높다. 이 사이트들에서 여행 목적지와 일정에 맞추어 가격을 비교하고 구매하면 된다.

구매 결정 전에 반드시 항공사 홈페이지에서 동일한 조건으로 검색해 차이가 없는지 한 번 더 확인해야 한다. 가끔 항공사 사이트에서 프로모션 등을 이용해 더 저렴하게 구입할 수도 있다. OTA의 더 자세한 내용은 'OTA를 알면'에서 알아보자.

02 항공권을 저렴하게 판매하는 국내 여행사를 찾아본다

항공권을 저렴하게 판매하는 국내 여행사는 대표적으로 땡처리닷컴, 하나프리, 인터파크투어, 와이페이모어why pay more 등이 있다. 특히, 땡처리닷컴은 항공사나 여행사가 저렴하게 땡처리하는 특가를 구할 수 있는 기회가 종종 있다. 다른 대형여행사나 온라인여행사에서도 항공권을 최저가 보상 등으로 여행자에게 홍보하고, 땡처리항공권을 자체적으로 판매한다.

03 특가와 프로모션 항공권 뉴스를 먼저 받는다

저렴한 항공권은 내가 찾아보았을 때 예약이 완료되어 살 수 없는 경우가 많다. 그렇다면 남들보다 앞서 특가와 할인상품 뉴스를 접한다면 어떨까? '일찍 일어나는 새가 벌레를 잡는다.'라는 속담처럼 할인소식을 먼저 듣는다면 유리한 가격에 여행지로 떠날 수 있다. 그러기 위해서는 항공사 홈페이지에서 메일링 서비스 신청, 얼리버드Early Bird 프로모션 검색, 플레이윙즈Playwings, 트래블하우Travelhow, 홉퍼Hopper와 같은 항공권 프로모션 알람 앱, 에어페어 와치독Airfare Watchdog과 같은 사이트를 이용한 알람 서비스로 관련 뉴스를 먼저 받는다. 예를 들어 땡처리닷컴은 소수 분량의 매우 저렴한 항공권을 사전에 스마트폰 앱을 설치한 여행자에게만 전달하는데 단 5분 만에 매진되기도 한다. 에어페어 와치독은 자주 이용하는 공항을 지정해주면 최적의 여행 경로와 이벤트를 이메일로 전달해 준다.

04 기타 다양한 방법들

⇒ **출발 요일을 선택하자**

일반적으로 사람들이 여행을 가장 많이 시작하는 요일은 목요일이나 금요일로 주말을 이용한 여행객들이 많아 가격이 비싸다. 그렇다면 이용자가 적은 요일에 출발하면 저렴한 항공권을 구매할 수 있지 않을까? 저렴한 항공권을 원한다면 일요일부터 화요일 사이에 출발하는 항공권을 구매하자.

2014년 월스트리트저널 칼럼에 따르면 일요일에 가장 저렴한 티켓을 살 수 있다고 한다. 100% 믿을 수는 없지만 특정 요일에 저렴하게 나오는 것은 분명하다. 저자 주변의 항공 관련 종사자들은 일요일까지 항공권 판매 현황을 지켜보고 월요일 오전 회의를 거쳐 오후에 항공권 판매 가격을 조정한다니 오히려 화요일이 저렴한 항공권을 구매할 기회라고 생각한다.

⇒ 경유편을 이용하자

시간적인 여유가 있다면 경유편이 직항편보다 저렴하다. 경유편은 시간이 길어 피곤할 수 있으나 잘 이용만 한다면 오히려 득이 될 수도 있다.

⇒ 소셜커머스를 이용하자

쿠팡, 티몬, 위메프와 같은 소셜커머스를 이용해 최저가 항공권을 구매할 수 있다.

⇒ 얼리버드 Early Bird 항공권을 이용하자

2017년 스카이스캐너가 발표한 '최적의 항공권 예약 시점 Best time to book' 보고서에 따르면 한국에서 해외로 출발하는 항공권 구매 시기는 최소 11주 전이다. 이때 예약하면 평균보다 낮은 가격에 구매할 수 있으며 24주 전에 예약하면 가장 저렴하다.

기타 진에어 진마켓, 제주항공 찜 JJiM 이벤트 등 저비용 항공사의 특가 항공권을 일찍 구매하면 저렴하다. 대형 항공사인 아시아나는 2017 스타얼라이언스 창립 20주년 감사 이벤트를 실시했으며 매월 첫째 주 화요일 오즈 드림페어를 이용한 특가 항공권 구매가 가능하다. 그러나 특가 항공권은 마일리지 적립이 안 되는 경우가 많거나 제약이 있으므로 효율성을 따져봐야 한다.

⇒ 체류 기간을 확인하자

체류 기간7일, 15일, 1개월, 1년 등에 따라 항공권 가격이 달라지기도 하므로 단기 여행인 경우 체류 기간을 확인해 구매해야 한다.

⇒ 신규 취항 특가를 노리자

최근 항공사들은 신규 노선을 취항하면 기념 특가 프로모션을 진행하기도 한다. 2017년 상반기 이스타항공이 베트남 다낭 노선, 하반기에는 에어서울이 홍콩, 괌, 오사카, 나리타 노선의 특가 판매를 실시했다. 좀 더 저렴하게 떠나고 싶다면 주요 항공사의 신규 취항지를 확인하고 특가를 노려보자.

설, 추석, 크리스마스 연휴 항공권을 구매하려면

황금 연휴에 어디론가 떠나고 싶다면 플라이트그래프^{Fltgraph}의 팔로 온 Follow On 서비스를 이용해보자. 팔로 온 서비스는 목적지 도시를 검색할 때 사람들이 가장 최근 검색한 항공권 구매 노하우를 따를 수 있다. 저렴한 항공권, 특가 항공권 목록이 보이며 가격변화도 알 수 있다.

참고 https://fltgraph.co.kr

40만 원대의 미국(유럽)-한국 항공권을 구매하려면

최근 중국 국적 항공사CA, CZ, MU를 이용해 중국 주요 도시인 베이징이나 상하이를 경유하면 미국, 유럽 노선을 저렴하게 이용할 수 있다.

예를 들어 인천 출발 – 바르샤바 인in – LA 아웃out의 항공권으로 베이징에서 스톱오버stopover할 경우 일반 항공사들보다 저렴한 항공권을 구매할 수 있다. 또한 남방항공cz을 이용하면 프로모션을 통해 저렴한 항공권 구매도 가능하다.

서울 출발, 로스엔젤레스을(를) 포함하는 항공권

| 정렬 | 가격 | 항공사 | 검색일 | 필터 | 항공사 ∨ |

| 03/28 | 03/29 | 04/25 | 04/26 | 433,600원 |
| 서울 | CA | 베이징 | CA | 27 | 바르샤바 로스엔젤레... | CA | 베이징 | CA | 서울 |

바르샤바,로스엔젤레스
검색일 2017-01-06 13:23:01

성인 1명, 이코노미석 이상 ▼   Follow On   스탑오버설정

0   12   24   36   48

출국 서울(SEL) to 바르샤바(WAW) 2017-03-28(화)
2017-03-28(화) CA0126 L ICN 5:50p PEK 7:25p 2시간 35분
중국국제항공 / 에어버스 A330-300
대기 베이징(BJS) 7시간 5분
2017-03-29(수) CA0737 L PEK 2:30a WAW 6:20a 9시간 50분
중국국제항공 / 에어버스 A330

24
12
0
ICN PEK
WAW

귀국 로스엔젤레스(LAX) to 서울(SEL) 2017-04-25(화)
2017-04-25(화) CA0984 L LAX 1:40a PEK 5:20a (+1) 12시간 40분
중국국제항공 / 보잉 777-300
대기 베이징(BJS) 1시간 55분
2017-04-26(수) CA0135 L PEK 7:15a ICN 10:30a 2시간 15분
중국국제항공 / 보잉 737-800

24
12
0
LAX
PEK
ICN

참고 https://fltgraph.co.kr

저렴하다고 생각되는 항공권을 찾았다면 즉시 항공권을 구입하는 것이 좋다. 항공료는 항상 변하기 때문에 원하는 가격을 찾기 쉽지 않다. 항공사의 입장에서는 먼저 가장 저렴한 등급^{클래스}을 판매한 후 가격을 점점 올리면서 시장에 내놓는다.

예시 2017년 4월 중국남방항공 특가

OTA를 알면

최근 항공권 판매에 대한 항공사, 여행사, OTA^{Online Travel Agency} 간의 힘 겨루기에서 OTA가 승리한 것 같다. 일반적으로 OTA는 전체 항공권 1%의 수수료만 받고 여행자, 항공사, 여행사를 연결해주는 시스템이다.

OTA 중 최근 가장 많이 이용하는 스카이스캐너, 카약, 구글플라이트와 하나투어 글로벌 플라이트를 살펴보자.

유명한 스카이스캐너의 경우 국내외 OTA에 나온 항공권을 가장 많이 검색할 수 있으며 저비용 항공권 검색도 가능하다. 여행 기간과 목적지를 아직 정하지 않았다면 도착지에 모든 곳^{Everywhere}을 선택하고 기간은 가장 저렴한 달을 선택해 검색한 후 예산에 맞추어 여행지를 선택할 수 있다.

카약도 도착지가 미정인 경우 아무 데나^{Anywhere}를 선택해 도착지별 저렴한 항공권을 검색할 수 있으며 여행 기간은 정확한 일자, ±3일, 주말로 구분해 선택할 수 있다.

카약은 '카약 신공'으로 마니아들 사이에서 유명하다. 국적기를 이용하면 본국 출발보다 해외 출발 항공권이 저렴하다는 점을 이용할 수 있다. 인천-파리 왕복구간을 도쿄-인천-파리-인천으로 구매하면 저렴하게 구매할 수 있다. 그러나 도쿄행 편도 항공권을 별도 구매해야 한다는 단점이 있다. 카약은 다구간 비행 검색 시 유리하며 인·아웃이 다르고 여행 기간 동안 다수 비행을 원하면 카약에서 최저가로 검색할 수 있다.

구글플라이트의 경우 스카이스캐너나 카약처럼 전체 검색 후 항공사 필터링으로 원하는 항공사를 검색하는 것이 아니라 검색 단계부터 항공사를 지정해 검색할 수 있다. 또한 일정을 변경하면 좀 더 저렴하다고 알려주는 '날짜 팁Date tip'을 제시하기도 한다. 그러나 국내 저비용 항공사를 잘 검색하지 못한다는 단점이 있다.

하나투어 글로벌 플라이트의 경우 해외 OTA와 비슷하지만 목적지와 여행 기간이 정확해야 한다. 6구간 동시 검색이 가능하며 해외 출발 항공편 예약도 가능하다.

기타 저비용 항공권을 검색할 수 있는 앱도 유용하다. 대표적으로 LCC Finder가 있다.

땡처리 항공권을 구매하려면

'땡처리 항공권'이라는 용어는 2001년 여행업계에서 땡처리닷컴이라는 회사에서 시작되었다. 땡처리 항공권은 여행자 사이에서 소리 소문 없이 전달되기 시작했다. 이후 하나투어, 모두투어, 인터파크에서도 땡처리 항공권이라는 별도 메뉴가 생겼다. 항공권 틈새시장으로 자리 잡은 땡처리닷컴을 통해 매우 저렴한 항공권을 구입해 땡 잡은 기분으로 여행할 수 있게 되었다.

땡처리닷컴의 비밀은 라스트 미닛Last minute에 있다. 항공사와 여행사가 미소진 좌석에 대해 원가 이하로 빠르게 처리하는 것이다. 예를 들어 여행사는 항공사로부터 하드 블럭항공좌석 사전 구매을 통해 항공좌석을 확보해 패키지상품을 판매한다. 만약 여러 가지 이유로 좌석이 판매되지 않는 경우 여행사는 항공사에 반납하지 못하기 때문에 항공권을 땡처리하게 된다.

미소진 좌석이다보니 땡처리로 나오는 항공권 좌석 수는 적고 구입 기간이 짧다. 가장 중요한 것은 매우 파격적인 가격에 판매된다는 것이다.

'마감임박' 상품을 제공해 항공사, 여행사, 여행자 모두에게 매력적이다. 현재는 항공사와 여행업계 직원들까지 구매할 정도로 인기가 높고 특히 불황기에는 더 인기가 올라간다.

당신이 아직 땡처리 항공권을 모른다면 필자는 아쉽다. 땡처리 항공권 기회를 노려보자. 정말 땡잡는 것이다.

이원발권을 하려면

이원발권은 고수들이 즐겨 쓰는 항공 여정으로 제3국을 출발해 한국을 경유_{체류}해 최종 여행지로 가는 여정이다. 최근 일본 출발이 항공권 가격이나 마일리지 공제 관련 세금에도 유리하기 때문에 여행자들이 많이 이용하고 있다.

왜 이원발권을 하는가? 저렴하고 마일리지 공제로 여러 곳을 동시에 여행할 수 있기 때문이다.

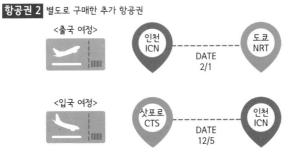

항공권 1 이원발권된 항공권

<출국 여정>
도쿄 NRT — DATE 2/4 — 인천 ICN — DATE 5/1 — 뉴욕 NYC

<입국 여정>
뉴욕 NYC — DATE 5/30 — 인천 ICN — DATE 12/1 — 삿포로 CTS

항공권 2 별도로 구매한 추가 항공권

<출국 여정>
인천 ICN — DATE 2/1 — 도쿄 NRT

<입국 여정>
삿포로 CTS — DATE 12/5 — 인천 ICN

이원발권을 하면 **항공권 1**과 **항공권 2**를 모두 구입해야 한다. 대략적인 여정은 이렇다. 인천에서 항공권 2를 통해 2월 1일 출발해 도쿄에서 4일까지 여행하고 항공권 1을 통해 인천으로 돌아온다. 이후 항공권 1을 통해 5월 1일에 뉴욕으로 출발해 한 달 동안 여행한 후 돌아온다. 항공권 1을 통해 겨울의 멋진 눈구경을 하러 삿포로로 12월 1일 출발하고 항공권 2를 통해 돌아온다. 이원발권을 통해 여행자는 도쿄, 뉴욕, 삿포로 세 곳을 동시에 1년 동안 여행할 수 있다.

필자가 항공권 마일리지를 모으는 가장 큰 이유는 이원발권을 통해 여행하기 위해서다. 그만큼 이원발권은 매력적이다.

그럼에도 불구하고 이원발권에도 몇 가지 제약사항들이 있다.

01 사항 1

모든 여정은 항공권 발권일로부터 1년 이내에 여행이 마무리되어야 한다. 오늘 발권했다면 내년 오늘 하루 전까지 모든 여정이 끝나야 한다.

02 사항 2

마일리지로 항공권 발권 시 성수기와 비수기에 따라 공제율이 달라진다. 출국과 입국 여정의 출발 시점이 성수기라면 성수기 기준 마일리지 공제이며 비수기라면 이후 일정이 성수기더라도 비수기 기준 마일리지 공제이다. 만약 성수기에 해당되면 무려 50%나 추가 공제를 한다.

모두 비수기 마일리지 공제

일부 성수기 마일리지 공제

참고 뉴욕에서 인천 구간만 성수기 공제를 한다.

모두 성수기 마일리지 공제

03 사항 3

이원발권과 함께 많이 이야기되는 것이 바로 무료 탑승이 가능한 유아 발권이다. 유아 발권을 하려면 생년월일 기준 24개월 이내여야 한다. 출국과 입국을 하나의 여정으로 발권할 경우, 처음 출발일 기준으로 유아의 생년월일이 24개월 이전이면 유아 발권이 가능하다. 그러나 출국과 입국을 별도로 구매하는 경우^{분리 발권} 마지막 여정을 제외한 모든 일정이 유아의 생년월일 기준 24개월 이내여야 가능하다.

아시아나항공이나 대한항공은 첫 출발일 기준으로 유아인 경우 돌아올 때 소아도 유아를 기준으로 발권되어 마일리지 차감이 되지만 스타 얼라이언스 항공을 탑승할 경우 유·소아 및 성인 모두 동일한 마일리지가 공제된다. 스타 얼라이언스 마일리지 항공권인 경우 노선과 환승, 체류 조건에 따라 공제율이 달라지기 때문에 항공사에 문의해야 한다. 성인 1명에 유아 1명까지만 무료 탑승이 가능하다.

04 사항 4

이원발권 여정의 조건으로 처음 출발하는 도시와 도착 도시의 지역이 같아야 한다. 예를 들어 홍콩 → 인천 → 파리 → 인천 → 홍콩 여정이 해당된다. 싱가포르와 방콕은 엄연히 다른 나라이지만 두 나라 모두 동남아지역으로 구분되기 때문에 출발·도착 여정이 가능하다. 예를 들어 싱가포르 → 인천 → 뉴욕 → 인천 → 방콕 여정이 해당된다.

그러나 한국은 한국 내 취항 도시만 가능하다. 예를 들어 인천 → 도쿄 → 하와이 → 도쿄 → 부산 여정이 해당된다. 이런 경우는 일본도 마찬가지다. 사실 이원발권을 이해하기는 어렵지만 먼저 개념을 알고 각 항공사 고객센터에 문의해 천천히 실행에 옮기는 것이 좋다.

공제표상의 지역ZONE **구분**

국내선 : 국내 전 노선
일본 : 일본 내 취항 도시
중국/동북아 : 사할린, 중국홍콩 제외, 타이베이, 하바로프스크
동남아 : 다낭, 마닐라, 방콕, 사이판, 세부, 싱가포르, 씨엠립앙코르와트, 자카르타, 코타키나발루, 클라크 필드, 팔라우, 푸껫, 프놈펜, 하노이, 호찌민, 홍콩
서남아 : 델리, 알마티, 아스타나, 타슈켄트
미주 : 뉴욕, 로스앤젤레스, 샌프란시스코, 시애틀, 시카고, 호놀룰루
유럽 : 런던, 로마, 이스탄불, 파리, 프랑크푸르트
대양주 : 시드니

참고 아시아나항공 홈페이지

05 사항 5

마일리지로 이원발권을 할 경우 장거리 구간을 1등석이나 비즈니스 클래스로 발권해야 마일리지 효용가치가 극대화된다.

이원발권의 항공편과 여정을 확인하려면 스카이스캐너나 카약 등을 통해 구간을 확인한 후 해당 항공사 홈페이지를 통해 항공권을 구입한다. 이원발권에서 여정에 따라 항공사에 직접 전화해 예약 및 발권하는 것이 좋고 항공사마다 여러 가지 상황을 체크해야 한다. 이때 어디서 출발하느냐에 따라 세금이 달라지기 때문에 이리저리 여정을 확인할 필요가 있다.

일본이나 홍콩 출발 이원발권의 공제율과 항공료가 매력적이기 때문에 일본이나 홍콩에서 출발할 때는 별도로 항공권을 구매해야 한다. 이때 별도 마일리지를 사용하거나 저비용 항공사를 많이 이용한다. 또한 이원발권 후 여정이나 도시를 변경할 경우 항공사에 따라 재발권 수수료가 발생하기 때문에 항공사에 확인할 필요가 있다. 즉, 항공사에 따라 동일 시즌, 노선, 클래스를 제외하고 변경 시 수수료가 발생한다.

오픈 조로 여행하려면

오픈 조^{Open Jaw}는 여정의 연속성이 중단된 형태이나 기본적으로 왕복 여정이다. 예를 들어 서울에서 오사카를 여행한 후 오사카에서 도쿄까지 기차를 타고 이동하고 도쿄에서 서울로 돌아오는 여정이다.

필자는 여행할 때 오픈 조 형태를 좋아한다. 오픈 조 여정의 항공권과 직항 왕복항공권의 가격을 비교하면 비슷하거나 저렴한 경우도 있기 때문이다. 오픈 조인 경우 중간에 이동해야 하는 불편은 있으나 자유여행자 입장에서는 더 유연한 여행을 구상할 수 있다.

오픈 조 항공권은 출발지와 목적지를 다르게 발권하는 방법으로 도착 이후 별개 교통편으로 타 도시로 이동해 여행한 후 그 도시에서 바로 항공편을 타고 귀국할 수 있는 편리함이 있다.

오픈 조는 일반적으로 3가지 형태가 있다.

01 Origin Single Open Jaw Trip^{OSOJT} : 출발지와 도착지가 다른 경우

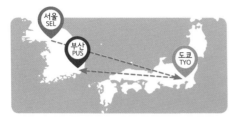

예시 서울 ┈▸ 도쿄 ┈▸ 부산

02 Turn Around Single Open Jaw^{TASOJ} : 도착지와 출발지가 다른 경우

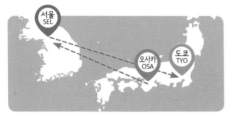

예시 서울 ┈▸ 도쿄 ┈▸ ** ┈▸ 오사카 ┈▸ 서울 (** : 도쿄와 오사카는 다른 교통편을 이용한다는 의미)

03 Double Open Jaw Trip^{DOJT} : 출발지와 도착지가 다른 여정

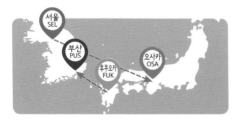

예시 서울 ┈▸ 오사카 ┈▸ ** ┈▸ 후쿠오카 ┈▸ 부산 (** : 오사카와 후쿠오카는 다른 교통편을 이용한다는 의미)

오픈 조 항공권을 조회하려면 스카이스캐너, 카약 등 OTA 사이트에서 다구간Multi-city으로 검색이 가능하다.

예를 들어 파리에서 인in/아웃out하는 단순왕복 경우보다 서울 출발 – 뮌헨 도착으로 여행한 후 파리 출발 – 서울 도착의 경우가 유럽 여러 지역을 돌아보는 데 유용하다. 즉, 출국편의 목적지는 뮌헨이지만 입국편의 출발지는 파리로 오픈 조 구간이 포함된 일정으로 항공권을 구매하는 것이다. 이 방식은 턴어라운드 싱글 오픈 조Turn around Single Open jaw로 가장 일반적인 방식의 오픈 조이다. 또한 오리진 싱글 오픈 조Origin Single Open jaw의 경우 서울에서 출발해서 도쿄 여행 후 부산으로 돌아오는 여정을 의미한다.

더블 오픈 조Double Open Jaw는 서울에서 출발해서 오사카로 여행 후 오사카에서 후쿠오카에 기차(또는 다른 교통편)로 이동한 후, 후쿠오카에서 부산으로 돌아오는 여정이다.

오픈 조 규정은 항공사마다 다르게 적용하고 있으므로 규정을 미리 찾아본 후 여행 일정을 짜고 항공권을 구매하는 것이 좋다. 그리고 오픈 조로 벌어진 구간이 항공기 탑승 구간 중 거리가 가장 짧은 구간보다 짧아야 한다는 전제 조건이 있다.

마일런을 하려면

여행 고수들은 왜 마일런^{Mileage Run}을 할까?

마일런_{마일리지런}은 한마디로 항공사 승급을 유지하거나 높이는 것이 주목적이다. 일반적으로 항공사는 일반회원과 우수회원으로 구분한다. '티어^{Tier}'는 우수회원에 해당한다. 아시아나항공은 우수회원을 골드, 다이아몬드, 다이아몬드 플러스, 플래티늄으로 구분하는데 회원등급 즉, '티어'가 상향될수록 더 많은 혜택을 누릴 수 있다. 이런 혜택을 경험한 여행자는 항공사 '티어' 유지를 중시하게 된다.

인천(ICN)-싱가포르(SIN)-런던(LHR)
경유시간을 제외하고 총 비행시간이 약 20시간,
마일리지 적립이 19,262miles,
항공권 요금이 약 150만 원인 경우 1마일당 구입가격은 77.8원 마일런은 목적지 여행보다는 마일리지가 최대한 많이 쌓이는 경로로 여정을 계획한다. 미주 노선은 주로 직항으로 마일런하고 유럽 노선은 경유지를 통해 마일런을 그린다.

당신이 런던으로 가고자 하는 경우 싱가포르항공을 타고 싱가포르를 경유한 후 런던에 도착하면 직항보다 약 2배 가까이 마일리지를 적립할 수 있다. 그러나 시간이 오래 걸리고 피곤하다.

그럼에도 불구하고 여행 고수들은 마일런에 집착한다. 회원등급 유지나 승급을 통해 수하물을 무료로 추가할 수 있으며 상위 클래스로 무료 업그레이드에서 우선순위를 갖기 때문이다. 승급이 높으면 탑승 마일리지를 2배로 적립할 수도 있으며 각종 수수료를 면제받는 등의 혜택을 포기할 수 없기 때문이다.

보통 1마일의 가치가 15원이라면 마일런으로 얻는 1마일의 가치는 최소한 3~4배 이상 되어야만 고효율 구간에 해당한다. 특히 마일런으로 항공권 발권 시 마일리지 적립 비율0%, 50%, 100%의 부킹 클래스Booking Class는 반드시 확인한다.

항공권 손해 없이 취소하려면

　2017년 1월 1일부터 일부 항공사들에 한해 항공권 환불 규정이 변경되었다. 국내 7개 항공사는 출발일로부터 91일 이전 취소 건은 환불 위약금이 0원으로 수수료 없이 취소가 가능하지만 90일 이내에는 항공사에 따라 취소 수수료를 차등화하고 있다. 특가 항공권의 경우 기간과 무관하게 환불 시 취소 수수료를 부과하고 있으니 유의해야 한다. 예를 들어 진에어 진마켓으로 구매 후 출발 전 취소하면 7만 원이 부과된다.

　그러나 모든 외국 국적 항공사는 이전과 동일한 환불 위약금 규정을 유지하고 있다. 예약 등급별, 거리별로 위약금이 발생하기 때문에 항공사별로 확인이 필요하다.

　만약 해외 출발, 예를 들어 일본 출발로 서울을 왕복하는 항공권의 경우는 해당하지 않는다.

항공권 에러페어를 알면

전 세계 어디나 에러페어^{Error Fare} 항공권이 존재한다. 에러페어란 정상 요금보다 매우 낮은 금액으로 책정된 비정상운임으로 항공사 직원의 실수나 시스템 오류로 발생한다. 이 정보를 제공하는 사이트가 씨크릿 플라잉^{Secret Flying}이다. 에러페어는 기존 항공요금보다 매우 저렴하기 때문에 실제 발권되어도 항공사가 취소하기도 하지만 탑승한 사례도 있다. 향후 취소되거나 탑승이 거절된 사례가 있음에도 불구하고 용감한 여행

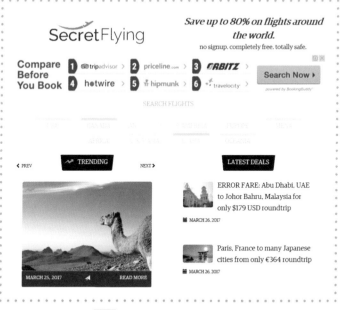

사이트 www.secretflying.com

자는 항공권을 구입하고 여행을 시작한다. 에러페어로 성공적으로 여행할 확률은 50:50이다.

에러페어가 보이면 그 유혹을 참지 못해 여행자들은 카드로 예약 결제부터 한다. 그러나 취소하는 경우 국제적인 신용카드 결제이고 이해관계가 복잡해 환불이 되지 않거나 카드사, 항공사, OTA 등과 분쟁으로 해결이 오래 걸리는 경우도 있다.

항공권 예약 시 실수하지 않으려면

항공권을 구매하려면 여권 만료일부터 확인해보자. 일반적으로 6개월 이상 남은 여권이 있어야만 입국할 수 있는 나라가 많으며 여행 전 사전 비자 발급이 필요한 경우에도 신청일로부터 6개월 이상 여권 유효기간 이 남아 있어야 한다. 아니라면 항공권을 구매하더라도 공항에서 탑승이 거절된다.

항공권 구매 시 다음으로 중요한 것은 이름이다. 탑승자의 이름을 여권에 표기된 영문 이름으로 정확히 기재해야 하며 항공권 구매 후 탑승자명을 변경하는 것은 대부분 불가능하다. 그렇기 때문에 타 물품과 달리 항공권은 타인에게 양도할 수 없으며 이름이 잘못 표기된 경우 취소하고 다시 구매해야 한다.

또한 같은 이름의 도시가 많기 때문에 여행지를 확인해야 한다. 예를 들어 여행하려는 곳이 스페인 바로셀로나[BCN]인지 베네수엘라의 바로셀로나[BLA]인지 또는 영국 런던[LHR]인지 캐나다 런던[YXU]인지 확인한 후 구매해야 한다.

이외에도 항공권에 따라 마일리지 적립이 안 되는 경우가 있으며 특가 항공권의 경우 변경이나 취소가 안 되는 경우도 있으므로 확인이 필요하다.

Part 2

항공사 서비스받기

사전 좌석 배정을 받으려면

항공권 구매에 성공했다면 다음으로 생각하는 것이 좌석 위치일 것이다.

출발 전 좌석 신청은 항공사나 여행사를 통해 항공편 출발 100일 전 또는 90일 전부터 48시간 전까지 좌석을 사전 신청할 수 있다. 2015년 4월부터 대한항공은 출발 361일 전으로 변경했다. 그러나 당신이 코드쉐어Codeshare, 공동운항 항공편을 예매했다면 온라인 사전 좌석 지정이 불가능할 가능성이 높다. 이런 경우 실제 탑승할 항공사 고객센터에 전화해 사전 좌석을 지정해야 한다. 또한 비상구 등 일부 꿀좌석은 사전 좌석 배정에서 제외된다.

내게 맞춘 여행의 시작은 항공사가 임의로 정해주는 좌석보다 선호하는 자리에 앉는 데서부터 시작할 수 있다. 가장 많은 고민은 창가 좌석과 복도쪽 좌석 선택이며 화장실이 내 좌석 앞쪽에 있는 것이 좋은지 뒤쪽에 있는 것이 좋은지도 고민할 것이다. 탑승할 항공기의 좌석 배치를 보고 선택할 수 있다면 더 쉽게 선택할 수 있을 것이다. 시트구루SeatGuru와 시트익스퍼트SeatExpert라는 항공기 좌석 정보사이트를 이용하면 유용하다.

시트구루는 2007년부터 트립어드바이저Tripadvisor가 제공하는 서비스로 항공사별, 기종별 좌석배치도와 좌석별 코멘트^{Comment 또는 의견}, 편의시설 정보를 제공하고 있다. 항공사, 편명, 날짜를 입력하면 비행기 좌석배치도가 나온다. 특히 초록색은 좋은^{편한} 좌석, 노란색은 약간 문제가 있는 좌석, 빨간색은 안 좋은^{불편한} 좌석이며 각 좌석 위에 마우스 커서를 올리면 해당 좌석에 대한 설명을 볼 수 있다.

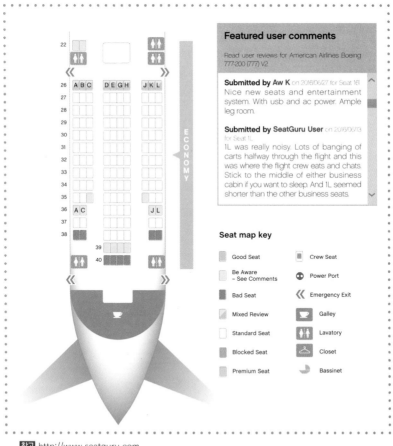

참고 http://www.seatguru.com

시트익스퍼트도 좌석정보를 제공하는데 첫 화면에서 항공사별로 표시되어 선택하기 편하게 되어 있다. 그러나 좌석 정보 외에 편의시설 정보는 제공하지 않는다.

그 외 사전 좌석 예약 시 창문으로 멋진 풍경을 보고 싶다면 시베리아 횡단으로 유럽에 갈 경우 갈 때는 왼쪽_{도시 풍경, 반대쪽 벌판}, 올 때는 오른쪽 좌석이 좋다. 도쿄에 갈 때 후지산 봉우리를 보고 싶다면 갈 때는 왼쪽 창가, 올 때는 오른쪽 창가 좌석이 좋다.

해가 지는 광경을 보고 싶다면 창가 좌석, 화장실을 자유롭게 이용하고 싶다면 복도 좌석을 추천한다.

비상구 좌석에 앉고 싶다면

장거리 비행의 경우 대부분 공간이 넓은 비상구 좌석을 원할 것이다. 비상구 좌석은 비상 상황 때 승무원을 도와주어야 하는 좌석으로 사전 좌석 배정이 안 되는 경우가 대부분으로 공항에서 배정받을 수 있다.

비상구 좌석은 사전 예약이 안 되고, 당일 체크인 check-in해 대면 상태_{영어 소통, 신체 건강 등}를 보고 선착순으로 제공한다. 만약 비상구 좌석을 원한다면 가능한 빨리 공항에 도착해 탑승 수속을 하면 된다. 대부분 출발 1시간 반부터 2시간 전 공항에 도착하므로 이보다 빨리 도착해 탑승 수속을 하면 된다. 또는 사전 좌석 지정을 한 후 출발 당일 공항에서 비상구 좌석이 있다면 변경 요청을 하면 된다.

외국항공사예)CX인 경우 경우에 따라 비상구좌석도 사전지정이 가능하다.

노약자, 어린이도 앉게 부탁하는 여행자도 있지만 모두의 안전을 위해 포기해야 한다.

일부 보잉 777 기종의 경우 창가쪽은 도어가 비상구 좌석이 튀어나오는 구조여서 발은 45도 틀어야 하고 심지어 비상구 문 사이로 찬바람이 들어와 오히려 불편하다.

최근 장거리 구간인 경우 비상구 좌석의 인기가 높아 인천 출발의 경우 인천국제공항이나 삼성동 도심공항터미널, 서울역 도심공항터미널에서 아침 6시부터 체크인한다.

그러나 비상구 좌석의 경우 기종별로 의자가 뒤로 젖혀지지 않는 경우가 있다. 화장실 바로 앞의 비상구 좌석인 경우 승객들이 많이 지나다녀 번잡할 수 있다.

좌석에 따라 승무원과 마주보고 앉는 경우도 있어 어색하거나 눈싸움, 선글라스를 끼고 책을 보거나 자는 척해야 하는 불편한 상황도 연출된다.

아시아나항공, 영국항공, 델타항공, 에어프랑스, KLM 등의 경우 유료로 비상구 좌석을 포함한 선호 좌석 구매가 가능하며 수수료는 구간별로 다르다.

예를 들어 핀란드 헬싱키공항까지 9시간 동안 비행할 경우 핀란드항공의 비상구 좌석은 7~8만 원이다. 인천-런던 구간의 영국항공은 비상구 좌석이 10만 원으로 좌석을 미리 구매할 수 있다.

꿀좌석에 앉고 싶다면

당신이 생각하는 좋은 좌석이 꼭 비상구 좌석이 아니라면 어느 좌석이 꿀좌석일까?

단거리 여행의 경우 화장실을 안 가도 견딜 만하기 때문에 대부분 창가 좌석을 원할 것이고 장거리 여행의 경우 화장실 이용을 포함해 자리에서 일어나 움직이기 편한 복도쪽 좌석을 원할 것이다. 그러나 반대로 복도쪽 좌석에 앉을 경우 지나다니는 사람들로 인해 방해받을 수 있다.

장거리 여행 시 당신이 남들보다 먼저 식사를 마치고 화장실을 이용하고 싶다면 앞쪽에 앉는 것도 좋다. 이동이 많은 화장실 주변, 소음이 심한 항공기 엔진 뒤쪽, 날개쪽 창가, 5열 좌석의 한가운데 등은 피하는 것을 권한다.

또한 중앙 칸막이 뒤쪽, 벌크헤드석의 경우 비상구 좌석처럼 넓어 좋은 좌석이지만 좌석 바로 앞에 화장실이 있어 번잡할 수 있으며 배시넷 bassinet, 아기용 침대을 사용해야 하는 유아 동반 승객에게 우선 배정된다.

단거리 여행의 경우에도 동일하다.

최근 필자는 저비용 항공사를 이용해 부모님과 함께 후쿠오카 여행을 했다. 1시간 거리로 어느 좌석에 앉아도 좋을 듯하지만 탑승 수속 시 앞쪽 좌석을 요청해 앞쪽 두 번째 줄에 앉았다. 목적지 도착 후 빨리 나갈수 있었으며 출입국 심사 때도 오래 기다리지 않아 좋았다. 음료 서비스도 먼저 받을 수 있었다.

특별한 기내식을 원한다면

기내식은 여행자에게 독특한 재미 중 하나다. 1등석이나 비즈니스 클래스는 고급호텔 일류 셰프의 요리를 맛볼 수 있고 유명 제과점의 수제 케이크를 디저트로 즐길 수 있다.

최근 이코노미 클래스 기내식의 질이 떨어져 점점 인기가 없어지고 그릇 대신 종이에 담아주기 시작했다. 그나마 싱가포르항공처럼 일부 항공사들은 메뉴판을 보여주고 기내식을 그릇에 제공한다.

기내식 정보는 탑승 전 항공사 고객센터에 문의전화, 이메일, 채팅 등하면 알 수 있다. 심지어 제공되는 와인, 위스키 등의 음료 정보까지 알 수 있다. 항공사의 수준에 따라 고급 와인과 위스키를 제공하기도 한다.

일상적인 기내식이 마음에 들지 않는다면 다양한 기내식을 선택할 수 있다.

항공사별로 종교, 건강 등을 고려한 특별 기내식이 무료 제공되며 출발 최소 24시간 또는 48시간 이전에 항공사 홈페이지, 예약센터 등을 통해 주문하면 된다.

특별 기내식은 대표적으로 유아 및 아동식, 채식, 종교식^{무슬림식, 유대교식, 힌두식 등}, 건강식^{당뇨식, 저지방식 등}이 있으며 식품 알레르기가 있는 경우 탑승 전 항공사에 알려 특별 기내식을 요청할 수 있다.

만약 당일 만든 기내식을 먹고 싶다면, 종교식 중 유대교식 기내식^{코셔, Kosher meal}을 선택하면 된다. 그러나 유대교식은 출발 최소 48시간 이전에 주문해야 한다.

카레 마니아라면 힌두교식을 신청하면 좋다. 대체로 항공사가 제공하는 카레에 대해 여행자들은 호평하고 있다.

대한항공 인천^{ICN}-홍콩^{HKG} 구간의 신청 가능한 기내식 리스트는 다음과 같다.

채식 · 힌두교식^AVML^, 유아식^BBML^, 무자극^BLML^, 어린이^CHML^, 당뇨병^DBML^, 과일^FPML^, 무글루텐^GFML^, 힌두교식^HNML^, 유태교식^KSML^, 저열량^LCML^, 저지방 · 저콜레스테롤^LFML^, 저염^LSML^, 이슬람교식^MOML^, 무유당^NLML^, 생채식^RVML^, 해산물^SFML^, 특수 식사 · 음식 품목 지정^SPML^, 채식 · 비건^VGML^, 채식 · 자이나교식^VJML^, 채식 · 달걀 · 유제품^VLML^, 동양식^VOML^ 등이다.

이런 서비스 승인은 항공사와 여정에 따라 변경되거나 서비스에 따른 요금도 청구될 수 있어 최종적으로 항공사에서 확인할 필요가 있다.

아시아나항공의 경우 특별 기내식 외에 칵테일 서비스, 바리스타 서비스^핸드드립 커피^, 소믈리에^와인^ 등 기내 특별 서비스를 제공하고 있으며 당일 기내에서 신청하면 된다.

하늘에서 랍스터를 먹고 싶다면 싱가포르항공이 비즈니스 승객에게 제공하는 북더쿡^Book The Cook^ 서비스가 있다. 다양한 최고급 요리를 먹을 수 있는데 물론 사전 신청을 해야 한다.

일반적으로 기내식 신청은 여행사와 항공사 모두 가능하나 항공사에 따라 여행사 또는 항공사에서만 신청이 가능한 경우도 있다.

요즘은 기내식도 철저하게 관리하여 식중독을 크게 걱정하지 않아도 되며, 남은 기내식은 전량 폐기한다. 운항 중에 있는 항공기의 음식과 음료는 모두 승객을 위한 것으로 남아 있는 기내식이나 음식이 더 필요하면 요구하면 된다. 또한 안전운항을 위하여 기장, 부기장 또는 승무원들은 서로 다른 메뉴로 식사를 한다.

대부분의 항공사들은 기내에서 물을 생수통으로 제공한다. 생수통이 아니라면 마시지 않는 것이 좋다. 기내의 모든 물은 멸균처리를 위해 화학처리하기 때문이다.

기내에서 가장 인기 좋은 음료는 토마토 주스다. 상공에서는 혀의 미각이 줄어들기 때문에 토마토 주스와 같은 음료가 미각 활성화에 도움을 주기 때문이다.

제주항공은 기내식을 재미있게 판매한다. 실제 운항 승무원과 객실 승무원이 동일하게 식사하는 파일럿PILOT 기내식, 스튜어디스/스튜어드 기내식 등을 승객에게 판매한다. 그 외 치맥 세트, 일본식 퓨전 무스비, 생선요리와 화이트 와인, 스테이크와 레드 와인, 꾸러기 도시락 등이 있다. 저비용 항공사가 제공하는 기내식 단품으로 최고의 인기 메뉴는 컵라면이며, 그 다음으로 맥주, 청량음료 순이다.

생일, 결혼기념일 케이크를 받고 싶다면

만약 출국 당일이 생일이나 신혼여행 시작이라면 기념 케이크를 신청할 수 있다. 그러나 모든 항공사가 제공하는 것은 아니다.

결혼기념일, 기타 기념일 등으로 서비스 요청이 증가함에 따라 대한항공의 경우, 한국 출발편인 경우에만 제공되며 생일과 신혼여행에 한정해 제공하고 있다. 이를 위해서는 항공사에 사전에 신청해야 하며, 생일의 경우 음력과 양력 모두 가능하다.

아시아나항공의 경우 매직 서비스를 통해 생일, 결혼기념일, 기타 특별 기념일에 기념 촬영과 칵테일 서비스Special Cocktail Service를 제공하고 있으며 탑승 당일 기내에서 신청하면 된다.

임산부가 항공기를 이용하려면

임산부의 경우 32주 미만이면 탑승이 가능하며 32주 이상 36주 미만은 진단서나 소견서와 함께 서약서를 제출하면 탑승이 가능하다.

아시아나항공의 경우 프리맘임산부 서비스을 제공하고 있으며 전용 카운터에서 산모 수첩을 제시하면 서비스를 신청할 수 있다. 프리맘 서비스는 항공기 우선 탑승, 전동차 서비스, 수면양말을 제공한다.

대한항공의 경우 유기농 수면양말, 스킨케어 제품, 임산부용 차 등이 포함된 임산부용 기내 편의용품^{Amenity Kit}을 제공하고 있다. 출발 24시간 이전까지 항공기 예약 시 신청하면 된다.

얼마 전 방송SBS뉴스, 2015년 4월 20일에서 "임산부 이코노미석에서 '복통'…
업그레이드 가능할까"라는 뉴스가 있었다. 만약 당신의 건강상태가 좋
지 않다면 탑승수속 전에 변경하는 것이 좋다. 국제 운송약관에 따르면
탑승 전에는 차액을 지불하고 좌석등급 변경이 가능하지만 탑승수속을
마친 뒤 기내에서 사무장과 승무원에게는 변경 권한이 없기 때문에 좌
석등급 변경이 어렵다.

아기와 함께 탑승하려면

항공사 규정에 따라 보통 생후 7일 이후부터 여행이 가능하지만 국제선의 경우 14일 이후로 탑승이 가능한 항공사도 있다. 대부분의 항공사들이 유아용 보호장치나 카시트를 제공한다. 유아 동반의 경우 벌크헤드석을 제공받을 수 있으며 15세 미만의 유아 및 어린이 동반 시 비상구 좌석에 앉을 수 없다. 기내 아기 침대의 경우 사전에 항공사에 예약하면 된다.

어린이 식사는 출발 24시간 이전까지 신청하면 되며 직접 준비한 이유식의 경우 기내 액체류 반입 금지물품에 적용되지 않는다. 아시아나항공의 경우 유모차 위탁 서비스, 유아용 요람, 안전의자Baby seat 서비스를 신청할 수 있다. 3세 미만의 유아 동반 시 신속한 탑승 수속 서비스, 기내 아기띠 대여 등을 신청할 수 있다.

대한항공은 7세 미만의 어린이 2명 이상을 동반하는 여성에게 한가족 서비스를 제공해 장거리 여행이 익숙하지 않은 고객을 위한 탑승수속, 탑승구 이동, 교통편 탑승 위치 등을 담당직원이 동반해 안내해준다.

반려동물과 함께 탑승하려면

동반가능한 반려동물은 강아지, 고양이, 조류로 규정되어 있고 토끼는 동반이 불가하다.

반려동물의 경우 수하물 서비스를 이용할 수도 있고 기내로 데려갈 수도 있으며 기종별, 항공사별, 목적지별로 필요 서류와 적용 규정이 달라 항공사, EU 집행위원회, 국제항공운송협회IATA에서 관련 내용을 확인해야 한다. 특히 호주멜버른의 경우 반려동물 반입 요건이 매우 방대하고 엄격하기 때문에 국제 애완동물 및 동물운송협회IPATA 운송업체를 이용하는 것이 좋다.

반려동물은 항공편당 여행 가능 횟수를 제한하고 있으며 무료 수하물 허용 한도에 포함되지 않고 추가요금이 부과되기 때문에 예약 전 항공사에 확인해야 한다. 대부분의 항공사들에서 반려동물의 마일리지는 적립되지 않으나 유나이티드 항공UA의 경우 미국 내 노선에서 반려동물과 여행PetSafe할 경우 500 보너스 마일리지, 기타 모든 운송은 1,000마일리지가 적립된다.

그러나 반려동물이 위탁 수하물 서비스를 이용할 경우 장시간 혼자 있어야 하며 스트레스를 받을 수 있어 여행 후 다시 적응하는 데 시간이 필요할 수 있다.

환승 시 호텔 무료 제공을 받고 싶다면

환승할 경우 공항에서 시간을 어떻게 보내느냐가 여행 중 피로감을 덜 느끼게 한다. 최소 8시간 이상 기다려야 한다면 무료로 제공해주는 환승호텔을 이용해보자. 다양한 항공사들이 환승호텔^{트랜짓 호텔, Transit Hotel}을 제공하고 있는데 항공사별 기준이 다르며 항공권 예약 시 환승호텔 예약을 하면 된다.

환승호텔을 가장 적극적으로 제공하는 항공사는 중국 항공사들이다.

중국 남방항공^{CZ}을 이용한다면 광저우 허브 환승 서비스를 이용할 수 있다. 국제선 환승 시 대기시간이 8시간 이상 48시간 미만의 환승 승객은 무료 환승호텔을 이용할 수 있다.

중국 국제항공^{CA}의 경우 24시간 안에 익일 연결 항공편으로 환승하는 승객에게 환승호텔을 제공하고 있으나 홍콩, 마카오, 타이완 출발/도착 노선은 포함하지 않고 있다. 환승 서비스가 제공되는 도시는 베이징, 청두, 항저우, 상하이, 톈진이다.

중국 동방항공^{MU}의 경우 큐브시티 서비스를 제공하는데 인천에서 상하이/쿤밍을 경유해 제3구간을 이용할 경우 상하이 호텔을 무료로 제공한다. 그러나 상하이에서 24시간 이내^{당일 사용 불가}에 연결편으로 떠나는 경우에만 제공된다.

일본항공^{JL}의 경우 LOPK^{Layover Package} 호텔 서비스를 제공하고 있다. 도쿄^{하네다,} ^{나리타 공항}를 경유해 제3국으로 출발/도착 시 일본항공의 운항스케줄로 인해 당일 연결이 불가능한 경우 일본에서의 1박을 무료 제공하고 있다.

카타르항공^{QR}의 경우 도하에서 8시간 이내 최종 목적지 연결 가능한 항공편이 없는 경우, 연결편 부재로 인해 도하에서 경유시간이 8~24시간 이내인 경우 환승호텔을 제공해준다.

터키항공^{TK}의 경우 경유시간이 10시간 이상^{비즈니스석의 경우 5시간}이면 호텔을 제공해준다.

환승 대기시간이 5시간 이상이라면

환승 대기시간이 길면 공항과 항공사가 제공하는 트랜짓 투어Transit tour
를 이용해보자. 공항에 따라 무료 이용이 가능하거나 저렴하게 이용할
수 있다. 환승 대기시간을 즐겁게 해줄 대표적인 무료 트랜짓 투어에는
무엇이 있을까?

터키항공의 경우 이스탄불 공항에서 6시간 이상 대기한다면 무료 시
티투어Tour Istanbul를 할 수 있다. 9시-15시와 12시-18시로 나누어 출발하
며 요일별 코스가 다르다. 투어 진행 시 입장료와 식사도 무료 제공된다.

싱가포르항공은 체류시간이 5.5시간 이상인 경우 무료 헤리티지 투
어Heritage Tour, 체류시간이 6시간 이상인 경우 시티 라이츠 투어City Lights
Tour를 제공하고 있다. 각 투어의 소요시간은 2.5시간으로 싱가포르항
공, 싱가포르관광공사STB, 창이공항이 공동운영하고 있다. 투어 시작 최
소 1시간 이전에 환승 라운지 근처의 무료 싱가포르 투어 등록 부스Free
Singapore Tours Registration Booth를 방문해 등록하면 되며 등록 마감시간은 홈페
이지에서 확인 가능하다. 싱가포르항공 사무소 또는 여행사에서 사전
예약도 가능하다.

카타르항공의 경우 도하 하마드국제공항에서 대기시간이 5시간 이상
12시간 이내인 승객에게 이슬람 아트 뮤지엄, 카타르문화마을, 펄-카타
르, 수크와키프 방문으로 구성된 '도하 시티 투어Doha city tour'를 제공하고

있다. 투어시간은 2시간 45분으로 사전예약은 불가능하며 선착순으로
투어를 제공하고 있다.

타이완 타오위안 공항에서는 최소 8시간 이상 대기하는 경우 5~6시
간의 무료 반나절 투어Free Half-day Tour를 제공하고 있다. 공항 도착 후 여행
자센터에서 등록 가능하며 오전 8시와 오후 1시 30분 투어가 있다.
나리타공항은 약 3시간의 나리타 트랜짓 프로그램Narita Transit Program을
운영하고 있으며 대기시간이 최소 5시간 이상이어야 한다.

공항	프로그램	웹사이트
이스탄불 아타튀르크공항 (Istanbul Ataturk Airport)	투어 이스탄불	http://www.istanbulinhours.com/
싱가포르 창이공항 (Singapore Changi Airport)	무료 싱가포르 투어	http://www.changiairport.com/en/ airport-experience/attractions-and-services/free-singapore-tour.html
도하 하마드공항 (Doha Hamad Airport)	무료 시티 투어	http://www.qatarairways.com/global/ en/offers/doha-city-tour.page
타이완 타오위안공항 (Taiwan Taoyuan Airport)	무료 반나절 투어	http://eng.taiwan.net.tw/tour/index. htm
도쿄 나리타공항 (Tokyo Narita Airport)	나리타 트랜짓 프로그램	http://www.narita-transit-program.jp/ index.html

이외 공항별로 제공하는 트랜짓 투어를 알고 싶다면 더 가이드 투 슬
리핑 인 에어포트The Guide to Sleeping in Airports 웹사이트 내 Airport Layover
Sightseeing Section을 보면 된다.

스톱오버를 통해 공짜여행하려면

스톱오버Stopover는 최종 목적지에 가기 전 경유지에서 24시간 이상 대기하는 것으로 입국수속을 해야 하며 짐을 찾아야 한다. 스톱오버를 원할 경우 항공권 발권 전에 인터넷이나 전화상으로 미리 신청해야 한다.

중국에서 스톱오버할 경우 72시간 경유 무비자72-hour Visa-free Transit를 이용하면 최종 목적지 도착 전 여행이 가능하다. 중국 항공사를 이용해 저렴하게 유럽이나 미국을 여행한다면 베이징 수도공항, 상하이 푸동공항 또는 홍차오공항에서 스톱오버하면 좋다. 그러나 조심해야 할 점은 72시간을 넘겨 출국할 경우 기록이 남아 추후 중국 비자 신청 시 어려움이 있다는 것이다. 이외에도 싱가포르항공을 이용할 경우 싱가포르에서, 캐세이패시픽항공은 홍콩에서, 터키항공은 이스탄불에서, 델타항공은 애틀랜타에서 스톱오버할 수 있다.

오버 부킹 상황이라면

오버 부킹Overbooking은 불법은 아니지만 이미 탑승한 고객에게 피해를 줄 수 있다. 최근 미국 유나이티드항공사의 오버 부킹으로 인한 사건이 큰 화제가 되었고 내게도 언제 비슷한 상황이 발생할지 알 수 없다. 그러므로 우리는 불확실하지만 미래에 일어날 수도 있는 오버 부킹으로 인한 피해를 입지 않도록 몇 가지 중요 정보를 알아둘 필요가 있다.

오버 부킹으로 인해 (강제로) 내리지 않기 위해서는 남들보다 일찍 공항에 도착해 탑승 수속을 밟고 일찍 탑승하는 것이다. 단체여행을 한다면 개별여행객보다 유리하다. 그러나 혼자 여행하는 도중 오버 부킹으로 인해 항공기에서 내려야 한다면 대처방안을 알아둘 필요가 있다. 중요한 것은 관련정책과 보상을 기록해두는 것이다. 즉, 문서로 요청해야 한다. 불편사항에 대한 보상과 서비스 등을 어떻게 받을 수 있는지 문서로 항공사에 질문해야 한다.

미국 교통부 항공소비자보호과 U.S. Department of Transportation, Aviation Consumer Protection Division 가 제공하는「항공여객이용자보호증진에 관한 법규Enhancing Airline Passenger Protections」참조

TIP

Part
3

공항 이용하기

탑승 수속시간을 줄이려면

　도심공항터미널^{삼성동, 서울역}을 이용해 미리 탑승 수속을 마치고 수하물까지 부치면 공항에서 수속하는 것보다 빨리 진행할 수 있다. 탑승 수속을 마친 후 도심공항터미널 2층 법무부에서 출국심사를 받은 후 공항에 도착해 외교관 및 승무원과 공동사용하는 출국전용통로를 이용하면 된다.

　또한 온라인이나 모바일을 이용한 탑승 수속 서비스를 이용하면 시간을 줄일 수 있다. 아시아나항공은 12개 주요 도시^{도쿄 나리타와 하네다, 오사카 간사이,} ^{후쿠오카, 오키나와, 런던 히드로, 파리 샤를 드골, 프랑크푸르트, 이스탄불, 홍콩, 타이베이, 샌프란시스코,} 대한항공은 일본 지역^{나리타, 하네다, 후쿠오카, 오사카, 니가타, 오카야마, 오키나와} 항공편에 대해 인터넷과 모바일 탑승권을 발권하고 있다. 특히 여름철 성수기에 사전 탑승 수속을 이용할 경우 시간을 절약할 수 있다.

　필자도 베트남항공을 이용해 하노이에 간 적이 있었다. 동반자가 있어 사전에 웹 체크인^{Web check-in}을 하지 않았다. 그런데 베트남에 가는 여행자도 많고 동시에 하노이, 다낭, 호찌민 등 여행자가 몰려 체크인 줄이 너무 길었다. 아무리 봐도 1~2시간 넘게 걸릴 것 같았다. 그러나 웹 체크인 여행자용 수하물 체크인 카운터에는 기다리는 사람이 없이 한산했다. 그때 필자는 동반자의 항공권을 모두 챙겨 베트남항공 모바일 웹에 접속해 웹으로 체크인한 후 즉시 카운터에 가 수하물을 보내고 좌석을 배정받았다.

이렇게 1~2시간 이상 기다려야 하는 상황을 단 10분 만에 처리했다.

무인 탑승수속기^{Kiosk, 키오스크}를 이용한 셀프 체크인으로 탑승 수속할 경우 출발 소요 시간을 절약할 수 있다. 이외 휴대 수하물만 있는 경우 보안검색대를 거쳐 탑승구로 곧장 이동할 수 있어 탑승 수속 시간을 줄일 수 있다.

키오스크를 이용할 수 있는 공항은 김포공항^{국제선 청사}, 인천국제공항, 나리타공항, 런던 히드로공항, 로스앤젤레스공항, 프랑크푸르트공항이다. 국내선의 경우 김포공항, 제주공항, 광주공항, 여수공항, 울산공항이다.

입국심사를 빨리 마치려면

　공항 출입국심사의 경우 자동출입국Smart Entry System, SES심사를 이용하면 편리하다. 인천국제공항의 경우 2017년 1월부터 등록 절차 없이 가능하다. 7~18세의 경우 사전 등록 후 이용 가능하다. 그러나 기계에 익숙하지 않은 분들은 사용에 어려움이 있어 빨리 진행되지 않는 경우가 발생한다. 연로하신 부모님과 여행한다면 자동출입국심사보다 유인심사가 편하다.

　인천국제공항에는 보행상 장애인, 만 7세 미만 유·소아, 만 70세 이상 고령자, 임산부 등의 경우 Fast Track을 이용할 수 있다. 이용하는 항공사의 체크인 카운터에서 이용 대상자임을 확인받고 패스트 트랙 패스Fast Track Pass를 받아 전용 출국장 입구에서 여권과 함께 제시하면 된다. 전용 출구 통로는 출국장 1번과 6번으로 오전 7시~오후 7시까지 운영한다.

　홍콩, 마카오, 미국 출입국 시 자동출입국심사서비스Smart Entry Service, SES를 이용할 수 있다. 미국의 경우 SES 웹사이트에서 회원가입 후 GE 신청 버튼을 클릭하고 신청서를 작성하면 된다. 홍콩의 경우 e-Channel 이용 등록을 하면 되고 마카오의 경우 SES-APCAutomated Passenger Clearance 이용 등록 후 이용할 수 있다.

공항에서 빨리 빠져나오려면

공항에서 빨리 빠져나오고 싶다면 출입구 가까운 앞쪽에 앉는 것이 좋다. 입국심사가 오래 걸리는 국가에 간다면 앞의^{최대한 6열 내} 복도쪽 좌석을 요구하자.

인도네시아 발리 덴파사공항은 작고 도착 비자를 받느라 입국심사가 느리기 때문에 1~2시간 이상 걸린다. 성수기에 갑자기 사람들이 몰리기 시작하면 한참 기다리는데 좌석 위치에 따라 1시간 이상 차이난다.

신속히 환승해야 하는데 공항에 따라 환승시간이 촉박한 경우가 있다. 이에 대비해 좌석을 배정받을 때 직원에게 빨리 환승해야 한다고 알려주면 최대한 앞쪽 좌석을 배정해주고 수하물에 Fast Track 라벨을 붙여주기도 한다.

또 다른 방법은 별도로 수하물을 보내지 않고 기내수하물을 이용하는 것이다. 그러면 최소 30분~1시간 이상 절약할 수 있다. 그 외 출입국신고서, 세관신고서 등의 서류를 미리 작성해두는 것도 좋은 방법이다.

환승 트랜짓과 트랜스퍼를 활용하려면

트랜짓^{Transit}과 트랜스퍼^{Transfer} 모두 환승을 의미한다. 차이가 있다면 트랜짓은 경유지에서 잠깐 쉬고 같은 항공사 비행기를 다시 타고 목적지로 가는 것이고 트랜스퍼는 중간 경유지에 내려 다른 항공사나 같은 항공사 다른 편명의 비행기로 갈아타는 것이다.

트랜짓할 경우 장거리여행 시 경유지에서 잠깐 쉬었다가 갈 수 있어 좋으나 기내수하물을 잘 챙겨야 한다. 또한 탑승 게이트가 다를 경우 보딩패스를 받은 후 안내직원과 함께 게이트 이동 후 탑승하면 된다.

트랜스퍼할 경우 항공 여정이 2개 이상이기 때문에 최소 1시간부터 최대 24시간^{1일}을 의미한다. 24시간 이상은 스톱오버^{Stopover}, 24시간 미만이면 레이오버^{Layover}라고 한다.

스톱오버를 이용해 경유지에서 잠깐 여행할 수 있으나 항공사나 경유공항에 따라 환승구역에서 다시 수속을 밟거나 보안검색을 받아야 하는 불편이 있다. 환승시간이 짧은 경우 공항 밖으로 나가는 것보다 환승게이트를 이용해 보안검색 후 환승구역으로 이동하길 권한다.

수하물과 수수료 : 최대한 많은 짐을 동반하고 탑승하려면

대부분의 항공사들이 위탁수하물을 23kg까지 무료로 부쳐주고 휴대수하물의 10kg을 기내로 반입하도록 해준다. 저비용 항공사는 위탁수하물 15kg, 휴대수하물 7kg인 경우가 대부분이다. 추가요금을 내지 않고 최대한 많은 짐을 동반하고 탑승하려면 노트북 가방이나 작은 가방^{에코백}에 여권, 지갑 등의 귀중품 및 기내에서 쓸 물건을 넣고 기내에 가지고 타는 것이 좋다.

외국 공항에서는 단 1kg이라도 초과하면 추가요금을 징수한다. 자신이 소지한 항공권에는 허용되는 무게가 적혀 있다. 반드시 확인하자.

> **Check point**
>
> 현지공항에서 초과수하물 등으로 인한 결제는 일반적으로 현지 화폐^{현금}로 해야 하지만 항공사에 따라 신용카드 결제도 가능한지 확인해야 한다.

또한 파손되기 쉽거나 부피가 큰 물품 등을 휴대할 경우 항공사별 책임 규정을 확인해야 한다. 델타항공의 경우 유한책임증서를 작성한 후 수하물로 접수할 수 있다. 출국 시 기내 반입이 되었던 물품이 해외 귀국 시 안 되는 경우가 있으므로 항공사별 특별 취급 수하물 규정을 확인해야 한다.

지연 · 결항 보상을 받으려면

　지연, 결항 보상 규정은 항공사의 국내 구간은 국내 여객운송약관, 국제 구간은 국제 여객운송약관에서 정하고 있다. 항공사로부터 보상받는 방법 외에 여행자보험도 있다.

　삼성화재 다이렉트 여행자보험의 경우 항공편 결항, 지연으로 4시간 이내에 대체 운송수단이 제공되지 않는 경우 식사, 전화통화, 숙박비, 숙박시설 교통비, 비상의복 및 필수품 구입 소요 비용을 보상해준다. 에이스보험의 Chubb 해외여행보험의 경우 연결항공편이 결항되어 실제 도착시간의 4시간 이내에 대체 항공이 제공되지 않는 경우, 항공편이 4시간 이상 지연, 취소된 경우 보상 가능하다.

　이외 국민은행, 신한은행, KEB하나은행이 일정 금액 이상 환전할 경우 여행자보험 무료 가입을 해주는데 대부분 10시간 이상 지연될 경우 보상해준다. 필자의 경우 신한은행 홈페이지에서 환전우대 10%를 받지 않고 여행자보험을 무료 가입한 경험이 있다. 별도 입력 사항은 없었으나 최초 해외여행에 한해 1회만 적용되며 어느 나라 화폐이든 미화 기준 500달러 이상 환전해야 한다.

	항공 지연 보상	항공 지연 기준 시간	수하물 지연 보상	수하물 지연 기준 시간
국민은행	○	10시간	○	10시간
KEB하나은행	○	10시간	○	10시간
신한은행	○	10시간	○	10시간
삼성화재	○	4시간	○	6시간
에이스보험	○	4시간	○	6시간

인천국제공항의 편의시설을 이용하려면

인천국제공항 편의시설 정보는 인천국제공항 홈페이지에서 자세히 제공하고 있다.

인천국제공항에는 은행, 환전, 여행자보험, 휴대폰 로밍, 비즈니스 라운지, 사우나, 환승호텔, 병원, 약국, 스케이트장, 영화관, 민원증명서 발급, 택배, 우편, 세탁소, 세차장, 안경원, 헤어숍, 외투 보관, 유아실, 기도실 등이 있다.

약품을 가져오지 않았다면 병원을 통한 처방전으로 약국에서 받을 수 있다. 겨울에는 외투 보관 서비스도 한 벌당 6박 7일 동안 약 1만 원이며, 항공사에 따라 무료 보관해주기도 한다.

환승고객용 사우나 샤워실은 무료 이용할 수 있다. 여객터미널 4층에 위치하고 있으며 동편과 서편에 하나씩 있다. 탑승동 4층에도 1개소가 있으며 샤워 키트의 경우 환승객에게 무료 제공한다. 오전 7시부터 오후 10시까지이며 마지막 입장은 오후 9시 30분이다.

무료로 즐길 수 있는 인터넷공간과 휴식 공간^{Relax Zone}은 여객터미널 환승편의시설 4층 동편과 서편 스낵바^{SNACK BAR} 맞은편에 있다. 24시간 운영되어 공항 노숙 여행객들이 인천국제공항을 좋아하기도 한다.

공항 라운지를 이용하려면

공항 라운지는 VIP들만 가는 곳처럼 여겨진다. 이곳은 여행객의 로망 중 하나다. 이제 당신도 얼마든지 공항 라운지를 이용할 수 있다. 원래 공항 라운지는 비즈니스 클래스나 1등석 항공권 소지자만 출입할 수 있었다.

최근 공항 라운지 이용객의 절반 이상은 이코노미석이나 비즈니스석 승객이다. 그들은 Priority Pass 카드로 라운지를 이용한다. 일명 PP카드로 불리며 일종의 공항 라운지 자유이용권이다.

PP카드는 "1천여 개 공항 라운지에서 공항이 주는 스트레스에서 벗어나 여유를 만끽해 보세요."라는 광고문구처럼 공항에서 매우 유용한 카드다.

PP카드로 이용 가능한 공항, 위치, 운영시간, 서비스 등은 Priority Pass 홈페이지에서 확인이 가능하다.

만약 탑승구 앞에서 기다리는 자체가 스트레스이거나 시원한 샤워를 즐기고 싶거나 안락한 휴식과 식음료를 원한다면 PP카드가 반드시 필요하다. 항상 비즈니스 항공권으로 여행할 수는 없기 때문이다.

인천국제공항에서는 PP카드로 아시아나 라운지, 대한항공 라운지, 마티나, 스카이 허브 라운지를 이용할 수 있다. 그 외 대부분의 국제공항에서도 라운지 이용이 가능하다.

일반적으로 PP카드는 신용카드와 함께 만드는 것이 가장 효율적이다. 그 외 방법은 추천하고 싶지 않다. 신용카드를 통해 만들 경우 연회비는 평균 10만 원이나 그 이하, 그 이상이다. PP카드는 일반적으로 연 12~25회 등급에 따라 무제한 무료로 이용할 수 있다. PP카드 소지자가 1인당 27달러 지불 시 최대 2명의 동반자와 이용할 수 있다.

PP카드는 국내선김포, 제주 등 라운지도 이용가능하며 라운지에 따라 3시간까지 있을 수 있거나 무제한 머물 수도 있다. 하루 동안 동시에 여러 공항 라운지 이용도 가능해 소위 '라운지 투어' 여행객도 있다. 인천국제공항은 마티나나 스카이 허브의 음식이 좋고 아시아나 라운지는 술과 샤워, 전동마사지 등을 많이 이용한다. 공항에 따라 라운지 이용객이 많으면 입장이 거절될 수도 있다.

많은 여행객들이 한 번쯤 가보고 싶은 라운지로 이스탄불 아타튀르크 Ataturk 공항의 'Istanbul CIP Lounge by Turkish Airlines'를 꼽는다. 이 곳도 PP카드로 입장이 가능하다.

PP카드 대용으로 인기 있는 것은 현대 다이너스 클럽 마일리지 카드다. 연회비 5만 원 정도로 다이너스 클럽에 가입된 공항 라운지에는 무제한 무료 입장이 가능하며 실적 기준도 필요없다. 가족과 함께 이용 시 가장 유리한 카드다.

그 외 일부 연회비가 1~3만 원대의 신용카드로 실적을 충족하면 인천국제공항에서 연 2회 이용할 수 있는 카드도 있다.

해당 신용카드 고객센터에 연락하면 신용카드와 PP카드에 대해 더 자세히 알 수 있다.

여행고수가 되려면 라운지 이용 카드 소지를 추천한다. 시기에 따라 PP카드를 제공하는 신용카드의 인기는 다르다. 지금 당장 인터넷을 검색해 당신에게 가장 적합한 신용카드를 찾아보자.

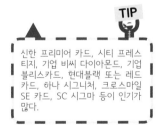

TIP

신한 프리미어 카드, 시티 프레스티지, 기업 비씨 다이아몬드, 기업 블리스카드, 현대블랙 또는 레드 카드, 하나 시그니처, 크로스마일 SE 카드, SC 시그마 등이 인기가 많다.

캐리어가 파손되었다면

캐리어는 항공사 입장에서는 수하물이다. 여행 시작이나 마무리 때 캐리어가 파손되었다면 항공사 등으로부터 보상받을 수 있다.

01 Check-in 후 캐리어가 파손되었다면 항공사의 책임이다

이때 여행객은 항공사로부터 Damage Report나 Property Irregularity Report 수하물 신고서를 받는다. 이것으로 항공사나 보험사에게 손해비용을 청구할 수 있다. 이 신고서는 반드시 공항 현장에서 받는 것이 좋다. 전 세계 항공사들은 몬트리올 협약이 규정한 권리와 의무를 준수하는 도중의 캐리어 파손에 대해서는 책임지고 있다.

02 캐리어 파손을 공항에서 발견하지 못하고 집이나 호텔에서 발견했다면 7일 이내에 항공사에 연락해야 보상받을 수 있다

항공사에 따라 7일이 지나면 보상해주지 않는다. 그나마 여행자보험에 가입했다면 보험사로부터 보상받는다. 보험회사에 따라 1~3년 이내에 신청이 가능하다. 보상받을 때 항공사나 보험사는 파손물 사진을 요구한다. 이때 파손 부위와 항공사 태그Tag가 함께 보이도록 사진을 찍는다. 이후의 상황에 대비해 파손 전 캐리어를 미리 찍어놓는 것이 좋다.

03 보상금액은 얼마인가? 브랜드 캐리어의 경우 구입 가격, 구입 연도 기준으로 감가상각을 적용해 보상하기 때문에 영수증이 필요하다

영수증이 없다면 비슷한 가격대의 가방이나 금액으로 보상한다. 가방을 수선할 경우 수선비 청구가 가능하며 수선이 불가능할 경우 수선불가확인서를 제조사로부터 발급받아 항공사에 제출한다. 항공사는 승객이 구매한 금액에 1년 기준으로 10%가량 감가상각해 보상한다.

04 보상받지 못하는 경우

대부분 저비용 항공사나 외국 항공사에 해당한다. 만약 여행자보험에 가입한 경우라면 보험사로부터 보상받는 것이 좋다. 일반적으로 여행자보험 한도에 따라 최대 20만 원까지 보상된다. 여행자보험에서는 대부분 휴대품 1개당 최고보상금을 20만 원으로 규정하고 있기 때문이다.

최근 캐리어 파손 범위에 대해 공정거래위원회는 그동안 저비용 항공사들이 주장한 "캐리어 손잡이, 바퀴 등의 파손은 책임지지 않고 보상하지 않는다."라는 약관에서 손잡이, 바퀴 등의 관련 면책규정을 삭제했고 수하물 고유의 결함이나 경미한 흠집 등을 제외하고 보상하게 했다. 그러나 캐리어 부속물^{커버, 자물쇠, 스트랩 등}은 보상하지 않는다.

05 항공사와 보험사 간의 이중보상은 불가!

여행객은 둘 중 어디로부터 보상받으면 좋을지 잘 판단해야 한다. 인터넷에는 이중보상받은 사례가 드물게 있지만 문제의 소지가 있다. 확실한 것은 항공사와 보험사에 연락해 결정하는 것이다.

현실적으로 멋진 고가의 하드 케이스 캐리어보다 소프트 케이스가 파손 위험이 적어 자주 여행하는 승객들은 소프트 케이스를 선호한다.

캐리어를 분실했다면

항공사가 수하물을 분실하는 경우는 생각보다 매우 많다. 이런 상황에 맞닥뜨리면 매우 황당하고 어이없다.

이 경우, 수하물분실신고센터 직원의 도움을 받아 '수하물분실신고서'를 작성하는 것이 급선무다. 그나마 일부 공항은 소형 파우치를 준다. 이것이 바로 서바이벌 키트다. 이 키트에는 티셔츠, 세면도구 등 몇 가지 생존 필수품이 들어 있다. 공항직원이 할 수 있는 것은 그것이 전부다.

분실된 가방을 항공사가 다행히 빠른 시일 내에 찾으면 승객이 머무는 호텔이나 집까지 즉시 보내준다. 거의 대부분 이렇게 처리된다. 하지만 내 캐리어가 3주 동안 기다려도 오지 않는다면 항공사로부터 보상받아야 한다. 만약 여러 항공사를 이용해 경유했다면 최종 목적지에 도착한 항공사가 책임진다.

수하물 분실에서 가장 큰 문제는 캐리어 안에 고가의 노트북이나 카메라, 명품가방, 지갑, 시계, 서류증권, 계약서 등들이 함께 든 경우다. 심지어 현금이나 귀금속류도 위탁수하물에 보내는 승객들이 예상보다 매우 많다.

일부 공항에서는 엑스레이x-ray를 통해 발견한 현금이나 고가품을 직원들이 슬쩍 훔치는 경우도 있다고 한다. 공항직원들은 캐리어 속에 무엇이 들어 있는지 모두 알고 있다. 항상 조심해야 한다.

수하물 분실 보상 기준상으로 항공사에 위탁한 수하물 분실 및 도난 보상한도는 탑승 노선 적용 협약에 따라 kg당 20달러 또는 승객당 1,131SDR약 180만 원이다. 단, 사전에 고가품임을 신고하고 종가요금을 지불한 경우 신고가격으로 보상하고 초과수하물 요금을 지불한 경우 지불 중량 기준 보상이 원칙이다. 일반적으로 추가비용은 100달러당 0.5달러로 최대 12.5달러이며 최고한도액은 2,500달러다.

그러나 대부분 고물상처럼 kg당 20달러 기준으로 보상한다. 더 많은 금액을 보상받으려면 사전에 수하물의 가치를 신고하거나 승객이 손해배상 청구 시 실 손해액을 증명해야 하는데 쉽지 않다.

그 외 방법은 여행자보험으로 처리한다. 가입한 여행자보험상품에 따라 품목당 최고 20만 원으로 산정해 최대 40~100만 원까지 보상된다.

수하물 분실은 대부분 수하물처리시스템에서 문제가 발생한다. 가끔 수하물 태그꼬리표가 떨어지거나 누군가 부정한 목적으로 뜯어내는 경우다. 수하물 분실 시 최소한 여행자의 품위를 지키기 위해 현지에서 필요한 옷가지와 물품 등을 구매할 수 있다. 구매물품 영수증을 제출하면 항공사로부터 보상받을 수 있다. 만약 중요한 회의에 참석하는 출장이라면 항공사와 합의해 정장이나 구두 등의 구입도 가능하다.

항공사는 수취 지연 수하물에 대해 현금으로 보상한다. 이코노미 클래스는 50달러, 비즈니스 클래스는 100달러, 퍼스트 클래스는 150달러로 항공사마다 조금씩 다르다.

보상은 승객의 정당한 권리다. 작은 보상이든 큰 보상이든 승객이 먼저 항공사에 보상을 요구해야 그나마 받을 수 있다. 신청하지 않으면 보상도 없다.

캐리어의 일부가 손실되거나 손을 탄 흔적이 발견되는 경우도 있다. 이 경우는 일부 수하물 분실에 해당한다. 일부 수하물 분실도 무게에 따른 보상이 원칙이다.

수하물을 분실하지 않으려면 수하물에 승객 정보^{개인 명함}가 있는 표^{Tag}를 별도 부착하고 캐리어를 보내기 직전 외관 사진을 찍어두면 파손이나 분실 시 매우 유용하다. 부득이 고가품을 보낼 경우 항공사에 사전 신고한다. 고가품은 무조건 들고 타야 한다. 위탁수하물에서 분실되는 경우는 보상되지 않는다.

공항에서 노숙하려면

영화 '터미널The Terminal, 2004'은 1988년부터 2006년까지 18년 동안 파리 샤를 드골 국제공항CDG에서 머물렀던 이란인 메르한 카리미 나세리의 실화를 토대로 재구성한 이야기다. 주인공 톰 행크스는 가상국가인 '크로코지아'에서 뉴욕에 입국하는 과정에서 여권이 문제가 되어 결국 원치 않게 JFK공항에서 노숙하게 되었다.

비행 여정에 따라 공항에 늦게 도착하거나 기상 상황이 나쁘거나 비행기를 놓치는 경우, 새벽에 공항으로 나올 경우 등 여러 이유로 공항에서

노숙할 경우가 있다. 특히 저비용 항공사를 이용할 경우 새벽 2~3시에 도착하거나 대기시간이 애매할 경우가 종종 있다. 너무 늦은 밤이어서 공항 밖에 나가기도 어렵고 여러 이유로 공항에서 오래 머물러야 할 때 여행객들은 공항 노숙을 선택한다.

공항에서 밤을 보내야 하는 여행객을 위한 '더 가이드 투 슬리핑 인 에어포트' The Guide to Sleeping in Airports 웹사이트가 있다. 여기서 해당 공항 정보를 수집하면 된다. 라운지, 와이파이, 공항 호텔, 24시간 음식, 샤워 등 태풍, 화산폭발 등으로 생각보다 장시간 공항에서 노숙할 경우 필수품을 챙겨야 한다.

혼자 여행하는 경우라면 "오전 4시에 꼭 나를 깨워주세요" 메모 포스트 잇 를 자신과 의자 주변에 붙이면 주변사람들이 깨워준다. 피곤한 상태에서

잠시나마 숙면을 취하고 싶다면 CCTV가 있는 곳이 안전하다. 만약 도난사건이 발생하면 범인을 찾을 수 있다.

공항 노숙을 결정했다면 공항에 일찍 도착해 자리를 차지해야 한다. 국내선 터미널은 일찍 닫히거나 국제선 터미널보다 시설이 열악해 가능하면 국제선 터미널을 이용한다.

<노숙하기 좋은 공항 순위>

1. 싱가포르 창이공항 SIN
2. 서울 인천국제공항 ICN
3. 에스토니아 탈린공항 TLL
4. 일본 도쿄 하네다공항 HND
5. 핀란드 헬싱키 반타공항 HEL
6. 타이완 타오위안 국제공항 TPE
7. 일본 오사카 간사이공항 KIX
8. 독일 뮌헨공항 MUC
9. 캐나다 밴쿠버공항 YVR
10. 오스트리아 비엔나공항 VIE

자료 http://www.sleepinginairports.net/2016/index.htm

노숙하기 좋은 장소는 공항보안직원이 가장 잘 안다. 직원으로부터 추천받는다. 어떻게 자느냐에 따라 캐리어를 보호할 수 있다. 캐리어 지퍼는 자기쪽 방향으로 두고 자야 한다.

　죽어도 노숙은 못하겠다면 공항 근처 저렴한 호텔이나 환승여행객을 위한 호텔을 이용하는 것이 좋다.

　마지막 비행기가 공항을 떠나면 모든 시설의 문을 닫는다. 스낵 코너나 편의점에서 필요한 생수나 음식을 미리 확보하자. 가볍고 보온이 되는 옷이나 침낭도 필요하다. 어느 곳이든 공항은 밤에 춥다.

　일부 공항은 기상악화나 지연에 대비해 여행객용 유아용 침대나 간이 침대, 베개, 담요, 세면도구, 간단한 음식도 제공한다. 공항직원이나 여행자 안내센터Traveler's information Center 직원에게 확인한다. 일본 오사카 간사이공항KIX은 담요도 빌려주고 편의점도 24시간 운영하고 500엔으로 샤워도 할 수 있다. 싱가포르 창이공항은 24시간 샤워시설과 휘트니스센

터도 이용할 수 있고 아랍에미레이트항공은 두바이공항에서 환승 대기 시간이 4시간 이상인 여행객을 위해 무료 조식도 제공한다.

　유료로 이용가능한 공항 라운지나 PP카드로 라운지를 이용한다. PP카드는 동반자도 추가요금을 지불하고 함께 이용할 수 있다. 공항에 따라 24시간 운영하는 라운지도 있다. 인천국제공항의 경우 아시아나항공 여객동터미널 라운지가 아침 5시~저녁 12시까지 가장 오래 운영한다. 이때 샤워나 간단한 식사를 해결한다.

공항에서 마약사범으로 오해받지 않으려면

영화 '집으로 가는 길'은 파리 오를리공항에서 마약사범으로 오해받아 한국으로부터 비행기로 22시간 거리의 마르티니크섬 감옥에 수감된 평범한 주부와 아내를 구하기 위해 세상에 애타게 호소하는 남편의 실화다.

이 사건의 실상은 이렇다. 2004년 10월 30일 34세 주부 장 씨는 평소 알고 지내던 남편 친구인 마약사범 조 씨로부터 제안을 받는다. 남미국가 수리남에서 금광 원석이 담긴 가방 2개를 프랑스까지 운반하면 400만 원을 주겠다고 제안한다. 장 씨는 조 씨의 제안을 받아들여 17kg과 13kg짜리 가방 2개를 들고 다른 일행과 함께 파리 오를리공항에 입국했다. 그러나 세관에서 가방에 든 내용물은 원석이 아닌 코카인임이 적발되었고 장 씨는 마약 소지 및 운반 혐의로 프랑스 경찰에 구속되었다. 이후 2005년 1월 카리브해 프랑스령 마르티니크 교도소로 이감되었다. 그곳은 프랑스에서도 비행기로 9시간이나 걸리는 대서양 외딴섬이다. 2006년 11월 마르티니크 법원에서 징역 1년형을 선고받았으나 이미 2년간 복역 중이어서 석방되었다.

공항에서 여행객들의 무리한 친절은 문제가 되기도 한다. 만약 다른 여행객의 가방을 대신 들어주거나 세관을 통과한다면 영화 '집으로 가는 길'의 주인공이 될 수도 있다.

　실세로 마약운반 범죄자들은 착해보이는 여행자에게 접근해 친절하게 대화하다가 "잠시 짐을 들어달라"고 부탁하면서 짐 속에 마약을 슬쩍 넣거나 가방 속에 마약이 든 경우도 있다. 졸지에 착한 여행객이 마약사범이 될 수도 있다. 공항에서는 절대로 모르는 사람의 가방이나 물건을 들어주면 안 된다.

인천국제공항 안에서 호텔을 이용하려면

　인천국제공항 교통센터 1층의 '다락 휴'는 캡슐호텔이다. 오전 8시부터 오후 8시까지 이용가능한 데이 유즈^{Day use}와 오후 8시부터 익일 오전 8시까지 이용가능한 오버나이트^{Overnight}로 구분된다.

　다락 휴 사이트에서 예약과 사전 결제가 가능하며 전화예약도 가능하다. 호텔 내에 기본 세면도구가 구비되어 있어 편리하게 이용할 수 있으나 칫솔과 치약은 비치되어 있지 않아 준비해야 한다. 또한 객실 내 샤워시설이 없는 경우 공동샤워실을 이용해야 한다.

공항에서 VIP 의전을 받고 싶다면

공항 출입국 시 모든 절차상 더 편리한 의전을 받고 싶다면 'HNT 에어포트 서비스'를 이용해보자.

공항 의전, 도어 투 도어Door to Door 리무진, 미팅 & 이벤트Meeting & Event 3가지 서비스를 유료 제공하고 있으며 공항 의전을 이용할 경우 탑승 수속, 수하물 처리, 로밍과 환전, 입출국 심사 등의 업무를 이용할 수 있다.

방콕, 싱가포르, 런던 등 8개국 14개 공항에서 서비스 중인 해외 의전의 경우 패스트 트랙Fast Track 이용이 가능하다.

전 세계 주요 공항의 wi-fi 비밀번호를 알고 싶다면

아닐 폴라트^{Anil Polat}는 구글맵을 이용해 전 세계 공항 내 와이파이^{wi-fi} 비밀번호를 공개했다. 2017년 4월 기준 전 세계 231개 공항의 와이파이 비밀번호를 2,790만 명과 공유하였으며, 비밀번호는 와이어리스 패스워드 프럼 에어포트 앤드 라운지 어라운드 더 월드^{Wireless Passwords From Airports And Lounges Around The World}에서 확인할 수 있다.

Part 4

마일리지 적립과
사용하기

항공권 마일리지를 적립하려면

　소비활동을 하면서 멤버십 가입 후 포인트를 적립하고 일정 금액이 되면 현금처럼 쓸 수 있듯이 항공권도 구매 후 마일지리를 적립해 사용할 수 있다. 중요한 것은 마일리지 카드를 만들기 전 탑승한 항공권은 마일리지가 적립되지 않으므로 반드시 사전 가입해야 한다는 것이다. 마일리지 카드는 해당 항공사 홈페이지 또는 공항에서 만들면 된다. 예약 또는 공항 탑승 수속 시 회원번호를 알려주면 탑승 후 마일리지가 자동 적립된다. 누락된 마일리지의 경우 탑승 후 1년 이내에 탑승권 원본과 항공권 사본을 제출하면 적립받을 수 있다.

항공사들은 적립된 마일리지에 유효기간을 두고 있다. 유효기간 내에 사용하지 못한 항공 마일리지는 모두 소멸되기 때문에 정확한 유효기간을 확인해두어야 한다.

대한항공은 탑승일 기준으로 10년 유효기간이 적용되어 10년이 되는 해의 12월 31일까지 사용할 수 있다.

아시아나항공의 경우 회원등급에 따라 10년 또는 12년으로 탑승일 또는 적립일로부터 10년 후 같은 달 말일까지다. 대한항공과 아시아나항공의 경우 가족 합산 마일리지를 제공하고 있어 부족한 마일리지를 모아 소멸 전에 사용할 수 있다.

일본항공은 탑승일 36개월 후 월말까지 유효하며 ANA는 마일리지가 발생한 때부터 이듬해 12월 31일까지 유효하다. 싱가포르항공의 경우 마일리지 적립 달 기준으로 3년이며 캐세이패시픽항공도 적립 달로부터 3년 동안 유효하다.

외국 항공사의 경우 마일리지 유효기간이 짧아 유효기간이 긴 제휴항공사에 적립하는 경우보다 더 오래 유지할 수 있다. 예를 들어 델타항공은 마일리지 유효기간이 없다.

또한 저렴한 항공권을 구매한 경우 마일리지가 적립되지 않을 수도 있으니 항공권 구매 시 규정을 꼼꼼히 확인해야 한다.

저비용 항공사에서도 마일리지 적립이 가능하다. 국내 저비용 항공사 중에서 제주항공 리프레시 포인트Refresh Point, 에어부산 Fly & Stamp, 진에어 나비포인트가 대표적이며 대형 항공사보다 마일리지 유효기간이 짧다.

진에어의 리프레시 포인트의 경우 항공권 구매금액 1,000원당 5포인트가 적립되며 유효기간은 3년이다. 비회원으로 구매했을 경우 탑승 후 회원가입을 하면 탑승 완료일로부터 60일 이내에 적립받을 수 있다. 부족한 포인트는 구매 가능하며 양도받은 포인트를 적립할 수 있다.

에어부산 Fly & Stamp의 경우 여행지에 따라 스탬프Stamp를 받을 수 있으며 구매나 양도, 이벤트 스탬프 수집을 통해 추가 적립도 가능하다. 그러나 유효기간이 탑승일로부터 1년으로 매우 짧다.

진에어 나비포인트도 여행지에 따라 편도당 10~60포인트를 적립할 수 있으며 유효기간은 3년이다. 특가 항공권의 경우 적립되지 않는 경우도 있다.

타 항공사에 마일리지를 적립하려면

적립가능한 제휴항공사를 확인한 후 예약, 발권 또는 탑승 수속 시 회원번호를 이용한 마일리지 적립이 가능하며 어느 항공사로 적립할 것인지 선택해야 한다. 대한항공의 스카이팀Sky Team과 아시아나항공이 포함된 스타얼라이언스Star Alliance가 대표적이다.

대한항공은 스카이팀 제휴항공사인 19개 항공사를 이용할 경우 마일리지 적립이 가능하다. 대한항공 외에도 Alaska Airlines, American Airlines, Emirates 항공, EtihadUAE 제2국적사, Garuda Indonesia 항공, Hawaiian Airlines를 포함한 기타 제휴항공사가 있어 항공사 이용 시 대한항공 마일리지 적립이 가능하다. 예를 들어 미주 노선의 대한항공 탑승 마일리지 적립은 유효기간이 없는 델타항공으로 적립하고자 할 경우 항공권 요금등급에 의해 결정되는 비행거리 비율이 적용된다.

참고 https://www.skyteam.com/ko

아시아나항공도 스타얼라이언스 제휴항공사인 26개 항공사를 이용할 경우 마일리지 적립이 가능하다. 또한 중동 계열의 Etihad항공, Qatar항공, Air Astana와 마일리지 적립 제휴를 맺고 있으며 예약등급에 따라 마일리지 적립 여부가 결정되므로 확인해야 한다.

참고 http://www.staralliance.com/ko/home

그러나 제휴항공사를 이용한다고 모두 마일리지가 적립되는 것은 아니므로 항공권 발권 시 확인해야 한다.

항공사별 마일리지 적립률을 확인하고 싶다면 Where to Credit 사이트를 이용하자. 해당 항공사와 예약 클래스를 알면 쉽게 볼 수 있다.
필요한 항공사의 마일리지 적립률을 보고 최선의 선택을 하면 좋다. 베트남항공 국내선의 I 클래스는 대한항공 적립률은 0%이지만 델타항공은 100%를 적립해준다2017.9.6. 기준. 자신이 선호하는 항공사의 적립률을 보고 어느 항공사 적립이 가장 효율적인지 확인한 후 적립한다. 한 번 적립된 항공사 마일리지는 취소하거나 변경할 수 없다.

참고 http://www.wheretocredit.com

이외에도 캐세이패시픽, 캐세이드래곤, 영국항공, 에어캐나다 등 25개 제휴항공사가 포함된 아시아 마일즈Asia Miles가 있다. 아시아 마일즈의 유효기간은 3년이지만 2,000 아시아 마일즈 단위로 유효기간을 연장할 수 있으며 수수료가 부과된다.

신용카드로 마일리지 적립을 위한 최선의 방법은

항공사별로 제휴 신용카드를 통해 사용금액에 따라 항공 마일리지를 적립할 수 있다. 저비용 항공사 마일리지 적립은 안 된다. 대부분 대한항공 마일리지는 1,500원당 1마일, 아시아나항공 마일리지는 1,000원당 1마일을 제공하고 있으며 연간 이용금액이 일정액 이상이면 특별 추가 적립되기도 한다.

	아시아나항공	카드		대한항공
아시아나 올림카드	국내 1,500원당 2마일 적립 해외 1,500원당 3마일 적립	KB 국민 카드	플래티늄 카드	국내 이용 1,500원당 1마일 적립 해외 1,500원당 1.5마일 대한항공 항공권 직판 구매 1,500원당 2.5마일
FINE TECH	국내 1,000원당 1.2마일 적립 해외/면세점 1,000원당 2마일 적립 게임/커피/영화 1,000원당 3마일 적립		FINE TECH	국내 이용 1,500원당 1.2마일 적립 모바일 게임/ 해외 이용 1,500원당 2마일 적립 NHN 엔터테인먼트/ 스타벅스/CGV 특화 가맹점 이용 1,500원당 3마일 적립
			BeV V 카드	이용금액 1,500원당 주중 월~목 1.2~1.5마일, 주말금 ~일 1.5~3마일 적립
The CLASSIC +	전 가맹점 1,000원당 1마일 적립 전월 200만 원 이상 시 2,000원당 1마일 추가 적립 Priority Pass 카드 (해외 공항 라운지 무료)	신한 카드	The CLASSIC +	전 가맹점 1,500원당 1마일 적립 전월 이용금액 200만 원 이상 시 3,000원당 1마일 추가 적립 Priority Pass 카드

아시아나항공		카드	대한항공	
YOLO Triplus 체크	국내/해외 전 가맹점 2,500원당 1마일 적립 특별 가맹점6곳 이용 시 2,500원당 2마일 적립	KB 국민 카드	**YOLO Triplus** 체크	국내/해외 전 가맹점 이용 시 3,000원당 1마일 적립 특별 가맹점6곳 이용 시 3,000원당 2마일 적립
메가 마일 아시아나 카드	1,500원당 1마일 적립 엔터테인먼트, 여행, 라이프, 쇼핑 이용 시 1,500원당 5~20마일 적립 연간 사용액에 따른 마일리지 우대 프로그램	씨티 카드	메가 마일 스카이패스 카드	사용금액 1,500원당 0.7마일 기본 마일리지 무제한 적립 엔터테인먼트, 여행, 라이프, 쇼핑 등 4개 카테고리별 1,500원당 최대 15마일 적립 연간 사용액에 따른 마일리지 우대 프로그램
프리미어 마일 아시아나 카드	1,000원당 1시티 프리미어 마일 적립 1씨티 프리미어 마일당 1.35 아시아나 마일리지 전환 Priority Pass 멤버십 카드		프리미어 마일 대한항공 카드	사용금액 1,000원당 1 프리미어 마일 적립 프리미어 마일 : 스카이패스 1:1로 전환
T3 Edition 2	1,000원당 0.8마일 보너스 마일리지 Priority Pass 카드	현대 카드	T3 Edition 2	1,500원당 0.8~1마일 적립 연간 2,400만 원 이상 이용 시 보너스 마일리지 10% 제공 Priority Pass 카드
THE O	1,000원당 1마일 적립 연간 1,000만 원당 3,500마일 추가 적립	삼성 카드	THE O	1,500원당 1마일 적립 연간 이용금액 1,000만 원당 2,500마일 추가 적립
애니패스 플래티늄	1,000원당 1마일 적립 커피전문점 5배, 외식 2배 적립		스카이패스 아멕스 카드	국내 카드 이용금액 1,500원당 1마일, 해외 카드 이용금액 1,500원당 2마일 적립
크로스 마일 S.E 카드	1,500원당 1.8 크로스 마일 적립 1 크로스 마일 = 1.2 아시아나 마일리지 전년도 사용 실적 1,500만 원 이상 5천 크로스 마일 보너스 제공 인천공항 라운지HUB, 마티나, 동방항공, 아시아나 비즈니스 클래스 통합 1일 1회, 연 2회 무료 이용	KEB 하나 카드	크로스 마일 S.E 카드	사용금액 1,500원당 1.5~1.8 크로스 마일 적립 크로스 마일은 스카이패스로 1:1 전환

아시아나항공		카드	대한항공	
아시아나클럽 롯데 골드 아멕스카드	국내 1,000원당 1마일 적립 해외 1,000원당 2마일 적립	KEB 하나 카드	플래티늄 SKYPASS	1,500원당 1마일, 3개월 보너스 500마일(연 4회), 12개월 보너스 2,000마일(연 1회)
		롯데 카드	스카이패스 롯데 골드 아멕스 카드	국내 1,000원당 1마일 적립 해외 1,000원당 2마일 적립
채움 아시아나클럽 카드	1,000원당 1마일 영화/커피/서적 : 1,000원당 2마일 아시아나항공(직판 이용 시) /면세점 : 1,000원당 3마일	농협 카드	채움 스카이패스 카드	1,500원당 1마일리지 적립 대한항공 항공권 등 특정 가맹점 이용 시 2~3배 적립

주의 카드사의 운영과 시점에 따라 적립률 차이가 있을 수 있음. 자세한 내용은 각 카드사 홈페이지 참고

과거에 비해 효율성이 좋은 카드는 점점 사라지고 있다. 마일리지 적립이 되는 신용카드 사례를 보고 필요에 따라 기존 신용카드를 마일리지 신용카드로 바꾸는 것도 좋은 방법이다.

01 사례 1. 씨티 메가 카드 대한항공 또는 아시아나

씨티 메가 카드로 효율적으로 마일리지를 모으기 위해서는 사용처를 구분해 적절히 분배해 사용하는 노력이 필요하다.

잘 분배해 사용한다는 가정 하에 약 100만 원 기준 월 2,186마일 적립이 가능하다.

02 사례 2. 크로스 마일 카드

2011년 5월 외환카드가 출시한 크로스 마일 카드는 여행객들에게 최고의 카드였다. 하나카드로 이전되면서 혜택이 많이 줄고 타사에서 경쟁카드도 나왔지만, 지금도 마일리지 적립을 위한 최고의 카드 중 하나로 인기가 많다.

크로스 마일 카드로 즐기는 '공항놀이'라는 용어가 각종 여행 관련 카페에 등장하기도 했다. 여행 애호가들은 반드시 소지해야 하는 필수 카드였고 카드사는 오히려 여행객들에게 적자를 보는 역피싱이 나타났다. 이후 카드사는 많은 혜택을 축소했다. 그럼에도 불구하고 이 카드는 여행카드로 여전히 인기가 많다.

1년에 2만 마일 세이브 신청이 가능하다. 30만 원 기준 2마일이 적립된다. 크로스 마일 카드로 Yes 기프트 카드를 구입할 경우 소액^{1,500원 미만} _{금액 절사}으로 결제되어 마일리지 적립이 안 되는 것을 방지할 수 있고 부족한 실적^{월 50만 원}을 기프트 카드 구입으로 채울 수 있다. 기프트 카드 사용 금액의 40%^{2017년 3월 기준}로 환불도 가능하며 소득공제 처리도 할 수 있다.

실적을 충족하면 카드사가 제공하는 여러 가지 서비스를 매월 받을 수 있고 공항에서 식사와 음료 등도 무료로 이용할 수 있다. 이 카드는 다른 복잡한 카드 이용보다 어디서나 편리하게 사용할 수 있다. 마일리지 적

립도 다른 일반 카드보다 높고 마일리지를 최장 보유하는 방법_{크로스 마일 최}

_{장 5년 보유 후 항공사로 전환} 중 하나다. 필요에 따라 아시아나항공, 대한항공, 델타항공, 캐세이패시픽항공, 타이항공, 말레이시아항공, 싱가포르항공, Hilton H Honors_{호텔}, 투어익스프레스_{여행사}, 면세점으로도 전환가능하다. 크로스 마일 카드는 연회비와 혜택에 따라 일반 카드_{연회비 2만 원}와 SE카드_{연회비 10만 원} 2종류가 있다. 특히 SE카드는 PP카드도 제공된다.

그동안 마일리지 적립 카드에 대한 별다른 고민을 하지 않았더라도 크로스 마일 카드가 사라지기 전에 카드사에 하나 신청하는 것이 좋다.

03 사례 3. SKYPASS 롯데 골드 아멕스 카드

연회비 2만 원으로 전월 실적 없이 해외 1,000원당 2마일을 대한항공 마일리지로 적립가능하다. 해외 직구를 많이 하거나 해외여행 시 추천하는 카드다.

04 사례 4. 삼성 애니패스 플래티늄 카드

커피를 좋아하는 당신에게 추천한다. 스타벅스, 커피빈, 파스쿠찌, 투썸플레이스, 탐앤탐스에서 사용 시 1,000원당 5마일리지_{5배}가 적립된다. 거의 모든 음식점에서 1,000원당 2마일리지_{2배} 적립으로 식당, 레스토랑, 주점, 제과점, 아이스크림 등 음식 관련 모든 것이 해당한다.

05 사례 5. SC은행의 리워드 11 신용카드

11번가에서 쇼핑할 때 매월 10만 원 이상 사용하고 전월 실적이 30만 원 이상일 경우 리워드 11 신용카드로 모바일 결제 시 22%가 적립된다. 11번가를 이용하는 여행객에게는 마일리지를 최고로 적립할 수 있는 카드 중 하나다.

그 외 각 카드사마다 항공 마일리지에 특화된 카드들이 있다. 잘 살펴보고 자신에게 적합한 카드를 이용한다. 처음 신용카드를 만들 때 카드사의 가입 이벤트를 이용하면 추가로 수천마일을 제공한다. 마일리지 때문에 과도한 쇼핑을 하거나 불필요한 카드를 만들 필요는 없다.

사업자에게 유리한 신용카드 마일리지 적립

마일리지 적립 개인 카드는 사용 금액에 따라 대부분 무제한 적립된다. 그러나 사업자^{법인} 카드는 월 또는 연에 대한 적립 마일리지를 제한하고 있다. 필자의 주변에 엄청난 마일리지를 모으는 친구가 있다. 그는 모든 회사 경비뿐만 아니라 각종 세금^{국세, 4대보험 등}을 마일리지가 적립되는 사업자 카드로 결제한다. 사업자 카드는 대표자뿐만 아니라 임직원 명의로도 가능하다.

사업자 카드로는 하나 크로스 마일 SE카드, 씨티 프리미어 마일 카드, BC 다이아몬드 카드가 대표적이다. 연간 사용금액 1억 원 기준으로 크로스 마일과 씨티 프리미어 마일리지 카드가 유리하고 1억 원 이상이면 BC 다이아 카드가 유리하다. 이 카드는 무제한 적립이 가능하기 때문이다.

부족한 마일리지를 당장 급히 구하려면

항공권을 마일리지로 구입해야 할 때 마일리지가 부족한 경우가 있다. 이때 마일리지를 급히 구할 수 있는 방법은 포인트를 마일리지로 전환하거나 현금으로 구입하는 방법이 있다.

제휴카드 마일리지 외에 카드 포인트나 멤버십 포인트를 마일리지로 전환할 수 있다. 당신이 가진 6만 마일리지에 급히 1만 마일리지를 더 모아 유럽 왕복 보너스 항공권을 발권받고 싶다면 멤버십 포인트를 이용한 마일리지 전환 서비스를 이용해보자.

신한은행 마이 신한 포인트와 KB 국민은행 리브메이트 포인트는 직접전환이 가능하나 보유 카드에 따라 다른 전환비율이 적용된다.

하나멤버스의 하나머니는 직접 전환은 안 되지만 OK캐시백을 이용해 전환할 수 있다. 전환비율을 높이고자 할 경우 OK캐시백 → 신세계 포인트 → 삼성카드 포인트 → SC 리워드 포인트 → 항공사 마일리지 과정을 거치면 15포인트당 아시아나항공 1마일리지와 교환할 수 있다. 마이 신한 포인트도 전환율을 높이고자 할 때 OK캐시백 → 신세계 포인트 → 삼성카드 포인트 → SC 리워드 포인트로 변경해 전환하면 된다.

> BC카드사에 아시아나/대한항공 마일리지 제휴카드 보유고객에 한해 제공된다.
>
> **TIP**

은행	포인트	마일리지 전환 비율
신한은행	마이신한 포인트	대한항공 16~25 : 1 아시아나 15~20 : 1
KB국민은행	리브메이트 포인트	대한항공 20 : 1 아시아나 18 : 1
우리은행	위비꿀머니	OK캐시백 → 아시아나 22 : 1
KEB 하나은행	하나머니	OK캐시백 → 신세계 포인트 → 삼성카드 포인트 → SC 리워드 포인트 → 아시아나 15 : 1, 대한항공 20 : 1 OK캐시백 → 아시아나 22 : 1

이외 GS 포인트, S-oil 포인트, 롯데 L 포인트, 롯데 아멕스 포인트, BC TOP 포인트, 현대카드 M 포인트 등이 항공사 마일리지로 전환 가능하다.

또한 환전과 송금 액수에 따라 국민은행은 1~3마일, 신한은행은 1마일, 스탠다드차타드은행은 1마일을 아시아나항공 마일리지로 적립할 수 있다. 대한항공의 경우 KB국민은행, 농협, 신한은행, 씨티은행과 제휴하고 있다.

상황에 따라 마일리지가 급히 필요하면 효율성은 좋지 않지만 OK캐시백으로 현금 충전하고 아시아나 마일리지로 전환이 가능하다. 대한항공은 안 된다. 포인트로 충전 시 아시아나는 18 : 1 전환이 가능하다. 1일 1만 마일 기준 연 10만 마일까지 가능하다. SSG머니로 10만을 전환하면 5,555마일 적립이 가능하다.

자투리 마일리지를 적립하려면

대한항공이나 아시아나항공 등은 여러 이벤트를 통해 추가로 자투리 마일리지를 모을 수 있다. 아시아나항공은 매월 1회 10마일 적립 이벤트를 하고 있는데, 여행객들 사이에서 '눈알 붙이기'라고 불린다. 그 외 카드사, 호텔 예약업체, 쇼핑업체 등에서 제공되는 추가 적립 마일리지다. '눈알 붙이기'와 같이 약간의 노력으로 마일리지로 적립할 수 있으나 필자도 피곤해 잘 챙기지는 않는다. 대부분 필자의 사례이지만 이보다 좋은 방법들이 많이 있을 것이다.

01 사례 1

옥션, 지마켓 등의 쇼핑몰에 아시아나 카드번호를 사전 등록하면 구매 물품에 따라 마일리지 적립이 가능하다.

02 사례 2

아시아나클럽을 경유해 쇼핑하면 마일리지가 추가 적립된다. 다만 경유할 경우, 구매 금액이 대부분 올라가기 때문에 반드시 비교해야 한다.

03 사례 3

특정 항공사의 홈페이지를 통해 제휴되는 호텔, 렌터카 등을 예약하면 2~4배까지 추가 적립해주는 경우도 있다.

04 사례 4

항공사 홈페이지를 통해 신용카드를 만들면 추가로 3,000~7,000마일리지를 제공한다. 자세한 내용은 항공사 홈페이지 이벤트를 자주 확인하자.

2017년 3월 기준으로 아시아나항공 홈페이지에서 씨티메가아시아나카드, THE O아시아나 발급 시 이용금액에 따라 3,000~7,000 마일리지 혜택을 주는 이벤트를 하고 있다.

05 사례 5

국민은행은 아시아나 마일리지 적립 가능 통장을 출시했다. KB아시아나ONE 통장을 활용하면 소소하게 마일리지를 적립할 수 있으나 큰 액수의 적립 마일리지는 기대하지 않는 것이 좋다.

06 사례 6

델타항공 프로모션을 통해 아고다^{Agoda} 호텔 예약, 에어비앤비^{Airbnb} 숙박, 포인트^{Points} 닷컴, 쇼핑 등을 이용하면 델타항공 마일리지를 적립할 수 있다.

위의 사례에서 보듯이 소소하게 마일리지를 적립하는 방법은 주변에 많다.

세금 납부도 마일리지 적립 가능

국세와 지방세 납부 시에도 마일리지 적립이 가능하다. 모든 카드가 해당되지는 않으나 대부분 마일리지 적립카드는 가능하다. 자세한 사항은 해당 카드사 고객센터에서 확인하면 된다. 특히 사업체를 운영하는 입장에서는 유용하다. 국세는 0.8%의 수수료를 내면 납부 금액에 대해 마일리지 적립과 1년 사용 실적 적용이 가능하다. 국세를 많이 납부하는 사업자들에게 좋은 방법이다.

지방세는 수수료가 없어 납부 금액에 대한 마일리지 적립이 없다. 그 대신 1년 사용 실적에는 포함된다. 하나 크로스 마일 카드나 씨티 프리미어 카드로 연월 실적을 통한 마일리지를 모을 경우 국세와 지방세 납부로 채울 수 있다. 국세와 지방세의 경우 위택스www.wetax.go.kr를 통해 타인의 세금도 대신 카드 납부가 가능하다.

마일리지 좌석을 예약하려면

　마일리지 항공권을 통한 좌석 예약은 해당 항공사 홈페이지에서 하면 된다. 마일리지 항공권은 361일 이전대한항공은 오전 9시, 일부 외국 항공사는 330일 이전부터 예약이 가능하다. 설, 추석, 크리스마스 연휴기간이나 원하는 날짜가 있다면 마일리지 항공권 구입이 가능한 시점에서 최대한 빨리 예약하는 것이 좋다.

　원칙적으로 왕복은 한 번에 예약하는 것이 좋다. 왕복 예약이 어려운 경우, 편도별로 예약한 후 항공사 고객센터에 전화해 왕복으로 합쳐달라고 요청한다. 그러나 편도별로 예약하는 경우 유류할증료나 세금 등이 더 많이 지불되는 경우도 있다.

　일반적으로 원하는 날짜에 인기 노선의 마일리지 좌석은 거의 없다. 마일리지 좌석은 최소 수량만 때때로 제한적으로 풀기 때문에 좌석 구하기가 쉽지 않다. 이때 포기하지 말고 대기자로 예약해두자. 시간이 지나면 대기가 풀려 좌석이 확정되는 경우가 있다.

　당신이 가진 항공사 마일리지로 제휴항공사 좌석을 예약할 수 있다. 아시아나항공은 스타얼라이언스, 대한항공은 스카이팀에 소속 항공사의 마일리지 좌석을 예약할 수 있다. 제휴항공사의 마일리지 항공권은 항공사에 따라 성수기 출발 시에도 추가 공제되는 마일리지가 없다는 장점도 있다. 필자는 아시아나항공 마일리지로 타이항공이나 ANA항공을 주로 이용한다.

마일리지를 효과적으로 사용하려면

마일리지의 가치는 이코노미, 비즈니스, 퍼스트 클래스로 갈수록 올라간다. 필자는 마일리지를 모아 가족과 함께 유럽과 호주여행을 했다. 마일리지가 없었다면 가족여행을 쉽게 결정하지 못했을 것이다. 세계일주 여행도 마일리지로 할 수 있다.

마일리지의 가치는 장거리 노선에 이코노미석을 비즈니스석으로 업그레이드하는 경우다. 왕복 모두 업그레이드 방법뿐만 아니라 돌아오는 여정만 업그레이드 할 수 있다.

마일리지는 편도로 발권할 경우, 더 효과적이다. 예를 들어 1년 이내에 일본과 유럽 여행을 계획한다면 인천-일본, 일본-인천-파리, 파리-인천 구간 발권이 인천-일본, 일본-파리의 왕복 구간보다 마일리지 공제가 적어 더 효과적이다.

마일리지는 단거리 노선보다 장거리 노선에서 비즈니스 클래스나 퍼스트 클래스를 이용하는 것이 기존 마일리지의 가치보다 몇 배 이상 효과가 크다.

마일리지를 사용하기 전 항공운임부터 확인해야 한다. 최근 땡처리 항공권이나 항공사 이벤트 상품이 자주 등장해 마일리지 항공권보다 더 효과적인 경우도 있다. 마일리지는 성수기에 사용하면 추가 공제가 있기 때문에 비수기에 사용하거나 제휴항공사를 이용하는 것이 유리하다.

마일리지 항공권 구입 시점을 알려면

한마디로 이 책을 읽는 바로 지금이다. 마일리지는 오래 갖고 있을수록 손해다. 마일리지의 최고 가치는 항공권을 구매하는 것이다. 그러나 시간이 갈수록 마일리지로 좌석 구하기는 쉽지 않다. 또한 대한항공과 아시아나항공이 무제한에서 10년으로 유효기간을 변경한 시점은 2019년이다. 이때부터는 소멸되는 마일리지를 매월 눈으로 봐야 한다. 소멸되는 마일리지 때문에 많은 여행객들은 동시에 마일리지 항공권을 구매할 것으로 예상되나 실질적으로 마일리지로 구매할 수 있는 좌석은 제한되어 있다. 항공사는 수익성을 핑계로 마일리지로 탑승할 수 있는 거리를 계속 줄이고 있는 추세다.

델타항공^{DL} 스카이 마일즈로 하와이 이코노미 클래스로 왕복 시 4만~5.5만 마일을 공제해야 탑승이 가능하도록 변경되었다. 구간에 따라 스톱오버_{Stopover}와 편도 여정을 붙일 수 없다. 이것은 UA, AA항공사도 마찬가지로 적용하고 있다. 대한항공도 일부 구간에서 소요되는 공제

마일리지를 소폭 상향조정했고 아시아나항공의 스타얼라이언스를 통한 한붓그리기는 추억 속으로 사라졌다. 일본 출발 다구간 이코노미 S 클래스의 마일리지 비즈니스석 업그레이드는 제한되었다.

다행히 필자는 한붓그리기_{인천-오사카-괌-케언즈//퍼스-방콕-홍콩-인천 구간 비즈니스 여정}로 여행했으며 일본 출발 다구간 이코노미 S 클래스를 마일리지로 비즈니스석 업그레이드_{오사카-인천-이스탄불-인천-오사카}해 여행했지만 지금은 할 수 없다.

라이프 마일은 대양주를 제외한 대부분의 지역에 소요되는 마일리지가 상향조정되었다. Aeroplan에서 아시아나 구간이 비즈니스석 탑승 시 소요되는 마일리지는 3만에서 무려 8만이 필요하다.

위의 사례를 보면 마일리지를 오래 갖고 있을수록 손해다. 당신은 가족_{직계존비속, 외조부모, 배우자 부모, 형제 등} 마일리지를 함께 사용할 수 있기 때문에 가족들의 마일리지가 언제 소멸되는지 꼼꼼히 따져봐야 한다.

Part
5

고수의 사소한
여행비법들

항공권 구매 시 DCC하지 않으려면

신용카드로 항공권을 구매할 때 원화로 결제하면 금액을 쉽게 파악할 수 있어 좋아 보이지만 결제와 환전수수료가 이중 부과된다.

이중 환전 결제Dynamic Currency Conversion, DCC는 해외에서도 자국 화폐로 결제가 가능하도록 만든 서비스로 기존에는 현지 통화 → 달러 → 원화로 한 번 환전수수료가 발생한다. 여기에 DCC가 적용되면 원화 → 현지 통화 → 달러 → 원화로 환전이 추가되어 이중 수수료가 발생한다. 이때 결제금액의 약 5~9%를 눈앞에서 손해보게 된다. 만약 현지 통화로 결제가 안 되는 경우 미국 달러로 결제한다.

신용카드 결제 시 반드시 현지 통화로 해야 수수료가 적다. 일단 원화로 표시되어 있다면 현지 통화로 변경한 후 결제한다. 해외 결제를 아멕스, 유니온페이 카드로 하는 경우 DCC는 적용되지 않고 해외 결제 수수료만 지출된다. 특히 비자나 마스터카드로 해외 결제를 원화로 할 경우 DCC가 적용된다.

항공증후군이 있다면

항공증후군은 이착륙 시 갑작스런 고도 변화와 장시간 좁은 공간에서 같은 자세로 앉아 있을 때 나타나는 신체 변화다.

항공증후군으로 이착륙 시 귀울림현상이 있다. 이는 갑작스런 기압차로 생기는 현상으로 물을 마시거나 침을 삼키면 먹먹한 귀울림현상을 풀 수 있다. 특히 스스로 해결하지 못하는 아이들은 우는 경우가 많은데, 부모들이 잘 모르는 사실 중 하나다. 귀울림현상에 대비해 기압 감소 귀마개, 마실 물을 준비하면 좋다. 귀의 통증이 심해지면 중이염에 걸리기도 한다.

비행척추피로증후군은 이코노미석 탑승객들이 겪는 고통이다. 장시간 한자리에 앉아 있을 때 나타나는 현상으로 이때 허리베개가 도움이 된다. 자리에서 자주 일어나 간단한 몸풀기 등 움직이는 것도 좋다.

심부정맥혈전증은 산소농도가 낮고지상의 80%, 습도가 낮아5~15% 혈액순환이 둔해져 다리가 붓고 두통이 동반되는 증상이다. 장시간 비좁은 공간에서 다리를 펴지 못한 자세로 있는 경우 굵은 정맥에 피가 굳어 혈맥을 막아 심부정맥에 혈전이 생겨 심하면 사망하기도 한다. 주변의 많은 여행객들이 다리가 너무 부어 신발에 발이 안 들어가 당황한다.

필자도 장시간 비행에서 종종 다리가 부어 불편한 경우가 있었다. 이것을 방지하기 위해서는 자주 움직이고 스트레칭하고 물을 많이 마시는 것이 좋다. 차, 커피, 알코올은 수분을 빼앗기 때문에 도움이 안 된다. 압박 스타킹을 착용하면 다리가 시원하고 붓지도 않아 상당한 효과가 있다.

대형 항공사의 경우 이코노미석은 중앙 4자리다. 가운데 끼어앉게 되면, 체질이나 컨디션에 따라 문제가 발생할 수도 있으니 장거리 여행의 경우 복도쪽 좌석을 구하는 것이 좋다.

항공시차증후군은 시차로 인해 생체리듬이 깨져 피로감이 높아지는 현상이다. 무조건 잠을 청하기보다 수면 전후 1시간가량 적당한 운동을 하는 것이 좋다. 생체리듬을 도착지 시간에 맞추어 수면시간을 조절하고 간단한 운동도 해야 한다. 한국을 기준으로 미국이나 캐나다 방향으로 여행한다면 평소보다 1시간 일찍 잠자고 유럽 쪽으로 간다면 1시간 늦게 자는 것이 좋다. 6시간 이상 차이나면 3~4일 전부터 시차적응에 대비한다.

비행기 공포, 공황장애가 있다면

공황은 느끼는 공포, 당황으로 누구나 경험할 수 있는 감정이다. 위험한 상황에 처해 있다면 누구나 공황을 경험하게 된다.

공황장애가 있는 여행객이 가장 힘들어하는 때는 비행기가 흔들리는 경우로 심한 터뷸런스가 발생하면 심리적 불안은 극에 달한다. 일반인도 심한 터뷸런스를 경험하면 공황장애가 나타나기도 한다.

공황장애가 있다면 비행기 탑승 자체를 공포로 여기는 여행객들이 의외로 많다. 증상이 심하면 숨쉬지 못할 정도의 고통과 미쳐가는 기분이 든다. 심지어 비행기 안에서 발작하는 승객도 있다. 공황장애는 심리적으로 불안한 상태에서 탑승한 경우에도 생긴다.

　공황장애를 겪는 여행객은 수면제를 먹거나 탑승 전날 잠을 청하지 않고 몸을 피곤하게 만들거나 비행기 탑승 영상을 자주 접하는 등 자신만의 심리치료를 하는 경우도 있다. 공황장애가 있는 여행객은 정신과 상담을 통해 심리적 안정을 찾거나 신경안정제 등의 약물을 복용해 치료하는 것도 좋은 방법이다.

　비행 도중 가끔 흔들리는 난기류를 만나지만 생각보다 위험하지는 않으며 추락 위험이 없다고 생각하는 것이 좋다. 전문가들은 불안에서 해방되기 위한 가장 현명한 방법은 "Now and Here" 집중이라고 말한다. 과거나 미래가 아닌 현재의 상태가 중요하다.

　공황장애를 극복하기 위해 여행 전 항공기와 여정 정보를 수집하는 것도 좋다. 항공기의 작동원리, 항공기 안전, 운항 횟수, 탑승 사례 등을 유튜브로 학습한다. 공황장애는 밀폐된 공간과 밀접한 관련이 있으므로 복도쪽 좌석 등 넓은 공간이 확보된 좌석이 좋다. 비즈니스석을 이용하면 그나마 나을 수 있다.

　항공기 재난영화나 뉴스 등은 보지 않는 것이 좋다. 대부분의 항공 운항은 안전하다. 공황장애자는 항공기 사고나 뉴스를 너무 왜곡해 받아들인다. 긍정적인 생각을 한다. 비행기 타는 순간이 힘들지만 도착 이후의 활기차고 아름다운 모습을 상상한다.

공항에서는 서두르지 말고 공항에 일찍 도착해 여유 있게 입국 절차를 밟고 탑승한다. 너무 서두르면 정신이 없고 공황장애자는 불안감이 증폭된다. 공항 라운지를 이용하면 탑승 전 편안하게 휴식을 취할 수 있어 심리적으로 안정될 수 있다. 이코노미석 승객도 돈을 내면 출입 가능한 항공 라운지도 있다.

기내에서는 승무원에게 공황장애 사실을 알리면서 잠시 이야기하는 것이 좋다. 승무원들은 오랜 비행 경험으로 당신과 같은 여행객들이 무엇을 하면 좋을지 잘 알고 있다. 비행 동안 조용한 음악을 듣거나 보고 싶은 영화를 시청하거나 평소 읽고 싶던 책을 보거나 잠을 청하거나 옆 사람과 세상 이야기를 나누는 것도 좋다. 여행객에 따라 술 한 잔도 괜찮다. 그러나 약과 함께 사용하면 안 된다. 술과 커피는 건조한 환경에서 탈수증상을 일으킬 수 있으니 가능하면 물을 자주 마시기 바란다.

내 여행발자국을 관리하고 싶다면

여행을 하다 보면 언제 어느 나라에 다녀왔는지 정리하고 싶을 때가 있다. 여권에 찍힌 비자나 출입국 도장을 보면 기억할 수 있지만 이런 방법도 있다.

플라이트 메모리Flight Memory를 이용해 출발 공항과 도착 공항을 입력해 비행기록을 관리하면 된다. 만약 탑승일과 항공편의 출발/도착 정보를 알고 있다면 추가 입력하면 된다.

공항으로 마중 나가기 전에

　필자는 출장이나 여행 가기 전 항공기 편명과 출발/도착 정보를 배우자에게 알려준다. 이 경우 대부분 공항으로 마중 나오길 바라면서 전달하는데 지연되는 경우 전달이 어렵다. 마중 나가는 사람이 지연 여부를 떠나 공항으로 출발 전 항공기 출발/도착 정보를 확인하면 도움이 된다.

　대표적으로 공항 홈페이지에서 도착 정보를 확인하거나 플라이트어웨어FlightAware, 플라이트스타츠Flightstats에서 실시간으로 항공기 출발/도착 시간을 확인하면 된다. 그러나 누락되거나 실시간 반영이 안 되는 경우도 있다.

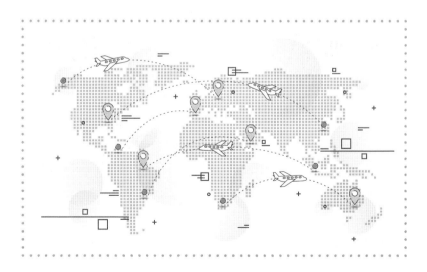

장거리 비행에 잘 적응하려면

장거리 비행을 하게 되면 기내에서 움직이는 데 제한적이기 때문에 그로 인한 피로감이 크다. 피로를 덜 느끼기 위해서는 탑승 전 스트레칭을 포함해 가벼운 운동을 하는 것이 좋다. 또한 건조한 환경에 대비해 충분한 수분 섭취가 필요하며 텀블러를 갖고 탑승해 승무원에게 생수를 요청해서 자주 마시는 것도 좋다. 이외에도 말린 과일, 견과류 등을 준비해 중간중간 섭취하는 것도 좋다.

평소 보고 싶던 영화나 드라마 시리즈를 스마트폰이나 태블릿 PC에 미리 저장해 시청하는 것도 좋다.

비행기 추락 시 생존하려면

    필자도 마찬가지지만 대부분 승무원이나 기내방송이 보여주는 항공 사고 발생 시 비상구 위치나 구명조끼 착용법에 잘 집중하지 않는다. 그러나 비상 상황은 언제 일어날지 모르기 때문에 안내방송을 잘 보고 가이드라인에 따라 혹 모를 추락사고에 대비하는 것이 좋다. 비행기가 추락하는 위험한 상황이라면 정신없겠지만 안내방송에 주의를 기울이면서 등받이를 세우고 안전벨트를 매고 태아 자세^{브레이스 자세}를 취해야 한다.

출국 당일 여권이 없다면

　여행 전 기본으로 준비하는 것이 여권이지만 출국 당일 여권을 집에 놓고 온 것을 공항에서 알았거나 분실했다면 긴급여권임시여권을 발급받아 여행할 수 있다.

　인천 국제공항 3층 출국장 F와 G 카운터 사이의 외교부 영사 민원서비스에서 발급받을 수 있으며 약 1시간 소요된다. 그러나 특별한 사유가 있어야 하며 단순 여행의 경우 발급이 거절될 수도 있다. 운영시간은 오전 9시부터 오후 6시까지이며 법정공휴일은 휴무다. 필요한 서류는 신분증, 여권발급신청서, 신청사유서, 항공권, 여권용 사진 2매, 긴급성을 증명하는 서류 등이다.

저비용 항공사의 진실은

저비용 항공사와 대형 항공사 구분없이 각 항공사의 정비 기준과 관련 법 적용은 동일하다. 또한 출발/도착 시 탑승교가 아닌 버스 이용도 동일하게 적용되며 한국공항공사 '이동지역관리운영 규정'에 따라 도착 예정시간이 빠른 항공기를 우선 배정하게 되어 있다. 객실승무원 훈련 내용과 시간도 국내 8개 항공사 모두 동일하게 적용된다. 지연·결항 문제는 정비문제, 기상악화를 포함해 다양한 내·외부적 문제로 인한 것으로 대형 항공사보다 많다 적다 판단하기 어렵다. 다만 저비용 항공사 항공기는 대형 항공사보다 오래된 기종이 많다.

전자항공권^{e-ticket}을 이해하려면

독자가 항공사로부터 받는 전자항공권에는 기본적으로 승객명, 예약 번호^{영문 또는 숫자}, 항공권 번호^{항공사 숫자코드 3자리-항공권 번호 7자리}로 구성된다. 항공사 숫자코드는 대한항공의 경우 180, 아시아나항공은 988이며 297은 중화 항공이다.

전자항공권 발행확인서
E-TICKET RECEIPT & ITINERARY

· 승객명/ Passenger Name   HONG/KILDONGMR
· 예약번호/ Booking Reference   KQC8TS / G
· 항공권번호 (Ticket Number)   297XXXXXXXXX

여정^{Itinerary}에는 출발 도시, 도착 도시, 출발 도착 일자와 시간, 예약 등 급^{Class}, 예약 상태^{Status}, 항공권 유효기간, 운임^{Fare Basis}, 수하물이 있다. 비 행기를 타본 사람들은 이 내용을 대부분 알고 있다.

여정(Itinerary)

편명(Flight) CI 163 (항공사 예약번호: TK8C5R) Operated by CI(중화항공)

출발(Departure)	ICN : 인천	20171031 21:05
도착(Arrival)	TPE : 타이베이	20171031 22:55

예상비행시간(Flight Time)

예약등급(Class)	N	항공권 유효기간	Not Valid Before	20171031
예약상태(Status)	OK		Not Valid After	20171031
운임(Fare Basis)	N15KR	수하물(Baggage)	30Kilos	

항공권 정보는 영문으로 되어 있고 대부분 자세한 설명은 없다. 자세히 살펴보면 다음과 같다.

항공권 정보(Ticket Information for Airline Staff)

① Issue Date/Place   20170807 / IATA NUMBER : 17315465
② Fare Calculation   SEL CI TPE 89.12N15KR CI SEL 89.12N15KR NUC178.24END ROE1122.082
③ Forms of Payment   / / CAxxxxxxxxxxxx6890 / /
④ Fare   KRW 200000
    Taxes   KRW 28000 BP
        KRW 18700 TW
    Total   KRW 246700
⑤ Endorsement   NON END, INVALD CDSH

---

① Issue Date/Place는 2017년 8월 7일 항공권을 발행했으며 국제항공운송협회[IATA] 가입 여행사 번호는 17315465다. 여기서 173은 한국에 있는 BSP여행사[항공권 발권이 가능한 여행사]를 의미하며 15465는 IATA가 부여한 여행사 고유코드다. 이 번호로 어느 나라 여행사가 항공권을 발권했는지 알수 있다. 하나투어는 05304, 모두투어는 01756, 인터파크는 15465다.
② Fare Calculation은 운임 계산 정보다.

SEL CI TPE 89.12N15KR CI SEL 89.12N15KR NUC178.24END ROE1122.082

SEL CI TPE은 서울에서 타이베이까지 중화항공[CI]을 타고 간다는 의미이며 89.12는 NUC[Neutral Of Construction]이고 왕복구간이므로 총 NUC는 178.24가 되며 이때 ROE[IATA Rate Of Exchange]는 1122.082이기 때문에 178.24 × 1122.082 = 199,999.89568이며 여기서 100원 단위 기준으로 올림처리해 운임가격은 200,000이 된다. 그리고 N15는 운임정보다.

③ Forms of Payment는 결제정보다. 현금인 경우 CASH로 표시되며 카드인 경우 CAxxxxxxxxxxxxx6890으로 표시되는데 카드사 코드 2자리와 카드번호 뒷자리 4자리만 보이게 된다.

④ Fare는 운임정보다. KRW 200,000은 원화이며 Taxes는 공항세로 우리나라에 28,000원, 타이완에 18,700원을 납부했다. 총액은 246,700원이다. 여기서 재미있는 것은 실제 구매자가 지불한 금액과 전자항공권에 표시되는 금액이 대부분 다르다는 것이다.

그 이유는 항공사와 여행사에게 실제 판매가격을 공개하지 않기 때문이다. 경우에 따라 고객이 요청하면 실제 구입한 가격을 전자항공권에 기재해주기도 한다.

⑤ Endorsement는 항공권 제한사항으로 매우 중요하다. 정상요금으로 구매할 경우 END^{Endorsement, 공통운임을 지불했기 때문에 예약된 항공편을 탑승할 수 없는 경우 다른 항공편을 탈 수 있는 권리}이며 할인항공권인 경우 NON END로 표시된다.

다음은 전자항공권이 도입되면서 이미 사라진 IATA BSP 항공권이다. 과거에는 항공 관련 코드를 모르면 해외여행도 쉽지 않았다.

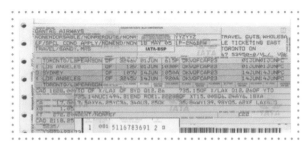

자료 IATA BSP 항공권

정상운임, 특별운임^{판촉운임}, 할인운임이란

정상운임은 일반적으로 무제한 정상운임으로 주중/주말 조건 이외에 다른 조건이 없으며 제한 정상운임은 사용시기, 주중/주말 조건과 함께 스톱오버, 트랜스퍼 제한 규정이 있다. 일반적으로 편도와 왕복 운임에 표시되어 있으며 정상운임을 사용하는 항공권의 유효기간은 발권 후 1년 이내에 첫 탑승해야 하며 나머지 탑승일은 여행 시작 후 1년 이내에 모두 사용해야 한다. 대표적인 운임코드는 P, F, J, C, Y, Y02, YW2, YX2 등이다.

특별운임은 정상운임에 해당되지 않는 모든 운임이며 노선별, 항공사별로 다양한 운임을 사용하고 있다. 특별운임은 제한이 있는데, 최소 체류기간, 최대 체류기간, 여행자의 연령과 신분, 스톱오버, 트랜스퍼 가능 여부와 횟수, 여정 변경 가능 여부와 환불 제한, 성수기, 비수기 등의 사용 시기. 한편 판촉운임은 항공사가 저렴하게 판매하는 조건으로 승객의 여행 및 예약/발권 조건을 상당히 제한하는데, 독자들이 평소 저렴하게 구입하는 항공권이 여기에 해당한다. 또한 할인운임은 승객의 연령과 신분에 따라 특정 할인율을 적용하는 운임이다. 예를 들어 소아, 유아나 학생, 단체 인솔자 등이 해당한다.

항공권 구입 전 어떤 운임으로 구할 것인지 결정해야 하며 그 운임에 따라 제한 조건이 다르기 때문에 여정에 따라 적합한 항공권을 구입해야 한다.

1등석 업그레이드받으려면

탑승 수속을 밟으면서 비즈니스석 업그레이드를 받았다는 주변 지인들의 경험담을 종종 들어보았으나 1등석^{First Class}으로 업그레이드받은 경험은 거의 들어보지 못했다. 그렇다면 1등석으로 업그레이드받으려면 어떻게 해야 할까?

최근 아시아나항공은 일정 등급 이상을 1등석으로 마일리지 업그레이드가 가능한 비즈니스석 항공권^{Booking Class: J/C/D} 고객을 1등석으로 업그레이드해주는 아시아나 퍼스트 멤버십^{Asiana First Membership}을 출시했다. 미국 LA와 뉴욕, 독일 프랑크푸르트 3개 노선을 이용할 경우 사용 가능하다. 출장이 잦은 경우 업그레이드 혜택이 무제한 제공되는 연간회원권, 한 번쯤 1등석을 경험해보고 싶다면 1회 이용권을 추천한다. 비즈니스석과 1등석이 약 300~400만 원 차이가 나는 것을 감안한다면 1/5 비용으로 최고급 서비스를 받는 것도 좋다.

비즈니스석 업그레이드받으려면

　장거리 여행의 경우 가장 큰 걱정은 기내에서 8시간 또는 그 이상을 어떻게 견디냐는 것이다. 종종 스마트폰이나 노트북에 좋아하는 영화를 담아가거나 책을 읽으면서 시간을 보내는 승객들을 볼 수 있으나 이코노미석이 아니라 비즈니스석으로 업그레이드받는다면 여행을 더 편안하고 즐겁게 시작할 수 있을 것이다. 이를 위해서는 무료 업그레이드받을 수 있는 OP-UP Operational Upgrade 정책을 이용하는 것도 좋다.

　OP-UP는 항공사 단골고객이 되어 회원등급이 높은 경우 받을 확률이 높으며 오버부킹으로 좌석이 없을 때 받을 확률이 높다. 그러나 오버부킹의 경우 내가 예약한 항공편을 포기하거나 탑승을 거절당할 수도 있음에 유의한다. 또는 항공사 프로모션 공지를 확인해 가끔 비즈니스석 업그레이드가 가능한 유료 서비스를 이용할 수도 있다.

항공사의 특별 서비스를 받으려면

대부분의 항공사들은 1등석이나 비즈니스석 고객을 대상으로 특별 서비스를 제공한다. 이 책에서는 모든 승객 대상의 서비스에 대해 간략한 정보를 공유하겠다.

아시아나항공의 경우 승객이 편지를 쓰면 승무원들이 회수해 6개월 후 발송해주는 '느리게 가는 편지' 서비스를 제공하고 있다. 이외에도 밸런타인데이, 어버이날, 가을 추억, 해피 크리스마스 등을 겨냥해 미리 편지를 받아 전해주는 서비스를 제공하고 있으며 매달 기내 특별 서비스를 제공하고 있다. 진에어도 비슷한 서비스를 제공하는데 탑승객이 작성한 엽서를 100일 후 원하는 주소지에서 받아 볼 수 있는 '100일 후 愛애' 기내 엽서 발송 서비스를 운영하고 있다.

이외에 에어 몰타Air Malta는 기내 무료 마사지 서비스인 스카이 스파Sky Spa를 제공하고 있다.

캐리어를 잘 고르려면

여행 준비를 하면서 고민하는 것 중 하나는 가방일 것이다. 배낭으로 할지, 하드 캐리어hard carrier나 소프트 캐리어soft carrier로 할지 고민될 것이다.

배낭여행을 준비하는 경우 40리터 이상의 배낭을 이용해 여행물품을 준비하는 것이 좋다. 무거운 배낭은 여행 피로감을 온몸으로 느끼게 하지만 캐리어를 사용한다면 어깨의 부담 없이 조금 쉽게 이동할 수 있다. 하드 캐리어의 경우 외부 충격, 오염 등에 강하고 방수의 장점이 있으며 소프트 캐리어의 경우 가볍고 여행 도중 늘어나는 짐을 보관하기 편하다. 최근 우레탄 재질로 가볍고 오염 방지나 방수가 잘되는 캐리어도 많다. 여행 상황에 맞게 취향대로 골라보자!

개인 차이가 있겠지만 최근 필자는 부모님과 3박 4일 일본 여행을 다녀오면서 45리터 배낭과 우레탄 재질의 캐리어를 이용했다. 캐리어 2개를 이용하는 것보다 배낭을 메고 부모님의 짐이 든 캐리어를 끌고 다니는 것이 이동할 때 훨씬 안정적이었다.

여행자보험에 꼭 가입해야 한다면

　필자는 초기 여행을 다닐 때는 여행자보험이 필요없다고 생각해 가입하지 않았다. 그러나 지인 중 한 명이 여행 도중 아파 고생한 것을 목격한 후 여행 가기 전 꼭 여행자보험에 가입한다. 여행기간에 맞추어 집에서 출발하는 시간부터 여행 일정을 마치고 귀가하는 시간까지 넉넉히 가입하고 보장 항목별 보상한도도 확인해야 한다. 보상한도가 높을수록 보험료가 높으니 적정 금액은 가입자가 선택하면 된다.

　또한 여행 목적 사실대로 가입하고 온라인으로 가입하는 것이 좀더 저렴하다. 만약 부모님과 여행을 준비 중이고 여행자 보험에 가입 예정이라면 당사자가 바로 직접 가입할 수 있는 인천 국제공항에서 하는 것도 좋다.

　최근 스마트폰 앱으로 1~2분이면 가입이 쉽고 공항보다 훨씬 저렴하고 가입 범위도 직접 결정할 수 있다. 필자는 공항에 갈 때 스마트폰으로 항상 여행자보험에 가입한다.

유모차를 동반하고 탑승하려면

어린 자녀와 같이 여행하는 경우 유모차를 동반하는 경우가 있다. 이 때 대부분의 항공사에서 유모차 위탁서비스를 이용해 탑승 수속 시 카운터에서 신청해 탑승구에서 유모차를 위탁, 접수할 수 있다. 그러나 해외 공항의 경우 탑승구 앞에서 유모차 수취는 불가능할 수 있다. 또한 일자형으로 완전히 접히는 접이식 소형 유모차는 기내 반입이 가능하지만 탑승 수속 시 사전에 양해를 구하는 것이 좋다.

유모차와 비슷한 크기의 악기나 스포츠장비도 사전에 항공사와 공항에서 꼼꼼히 탑승 여부를 체크해야 한다. 인천국제공항 출발 시에는 고가의 악기를 직접 들고 탈 수 있지만 돌아오는 해외 공항에서는 직접 들고 타는 것이 거절될 수 있다. 이때는 어쩔 수 없이 악기를 위탁 수하물로 보내야 하는데 종종 파손되는 경우도 있다.

알아두면 쓸모 있는 여행 꿀팁

1. 지구 정반대, 정열의 나라 브라질!

한국에서 직항편은 없지만 한두 번 경유해 브라질 상파울루^{Sao Paulo}로 가는 여행은 더 이상 어려운 이야기가 아니다.

브라질에 가면 리오^{리우데자네이루 Rio de Janeiro}와 이구아수^{Iguazu} 두 도시는 꼭 가봐야 한다. 리오는 '코파카바나 해변'과 '예수상'이 가장 유명하다. 예수상은 포르투갈로부터 독립한 100주년 해에 세워졌다. 이구아수 폭포는 드라마 '미션' 촬영지로 유명한데 브라질, 아르헨티나, 파라과이 3개국에 걸쳐 있으니 아무리 멀고 험난한 여행이더라도 이곳 장관을 본다면 여행 동안 쌓인 피로를 단번에 풀 수 있을 것이다.

상파울루를 기점으로 리오까지 1시간가량 소요되며 이구아수까지는 2시간가량 소요된다. 브라질은 워낙 광활해 한국 국내선 항공요금을 생각하면 안 된다. 그러나 상파울루에서 리오까지는 셔틀^{Shuttle} 개념이기 때문에 매 시간마다 항공편이 있고 미리 예약해 발권하면 고속버스 요금^{50~80달러}으로도 구매 가능하다. 고속버스를 탑승할 때도 여권을 꼭 소지해야 한다.

　이구아수까지는 매일 2~3번 항공편이 있으며 브라질 국내선은 실시간 운임변동이 많아 여행 시점에 임박하면 요금이 많이 올라간다. 미리 발권하면 100~200달러에 구매할 수 있다.

　브라질은 비행기가 연착될 경우 정부가 항공사에 패널티를 부과한다. 그러나 전보다 연착이 현저히 줄어 걱정하지 않아도 된다. 또한 GOL항공사는 상파울루 과룰류스Guarulhos 국제공항과 콩고냐스Congonhas 공항 간 무료셔틀도 운행하고 있다.

　브라질 국내 항공을 고려한다면 GOL항공사의 스케줄과 운임이 유리한 편이다. GOL항공사는 하루 960편 이상 운항하고 있으며 대한항공과 공동운항하고 있다. 한국에도 서울시청 앞에 사무실이 있고, 도움이 필요하면 직접 방문하거나 웹사이트www.voegol.co.kr로도 문의가 가능하다.

2. 세렝게티와 킬리만자로, 아프리카!

아프리카 여행은 멀고 힘들다는 선입견이 있지만 전 세계 여행자들이 많이 찾는 매력적인 곳이다.

에미레이트항공^{EK}으로 전 일정 중 총 6회 탑승^{기존 10회 탑승}만으로 동남부 아프리카의 케냐, 탄자니아, 짐바브웨, 잠비아, 보츠와나, 남아공까지 편안히 여행할 수 있다. 두바이^{Dubai}까지는 약 10시간, 두바이에서 나이로비^{Nairobi 케냐공화국의 수도}까지는 5시간이면 도착하며 최신 기종 A380과 보잉 777을 이용할 수 있다.

동부아프리카의 중심 나이로비에 도착해 사파리파크 호텔에서 야생 생고기 바비큐 '야마초마'와 함께 아프리카의 다이내믹한 사파리 캣쇼를 감상할 수 있다.

아프리카에서만 즐길 수 있는 초자연 대평원을 누리는 사파리는 겨울 성수기를 맞아 탄자니아의 끝없는 평원 세렝게티^{Serengeti}와 동물 백화점으로 불리는 거대한 분화구 응고롱고로^{Ngorongoro} 국립공원에서 '빅5'와 다양한 초식동물 사파리를 체험할 수 있으며 장거리 이동의 불편을 줄이기 위해 경비행기를 이용할 수도 있다.

아프리카 최고봉 킬리만자로^{5,895m}를 일반인도 즐길 수 있는 '제1산장'까지는 왕복 6시간이 소요되며 상쾌한 트레킹 체험은 이전 아프리카 여행에서 느낄 수 없는 것으로 체험자들의 만족도가 매우 높다. 트레킹이 어려운 여행자는 아프리카의 대표적인 커피농장, 탄자니아 킬리만자로 'AA 커피농장'을 방문하기도 한다.

나이로비에서 직항 케냐항공^{KQ}을 이용해 세계 3대 폭포 중 하나인 '빅토리아폭포'로 이동할 수 있다. 폭포의 낙차는 세계 최고인 108미터로 천둥소리가 나는 연기라고 불린다. '꽃보다 청춘 아프리카 편'에서 배우들이 함께 거닐던 짐바브웨^{Zimbabwe}, 잠비아^{Zambia}쪽 폭포를 모두 둘러볼 수 있으며 그 외에 보츠와나^{Botswana} 사파리, 남아공 케이프타운을 즐길 수 있다.

아프라카 여행의 더 자세한 정보는 린투어에 문의하면 된다.

유용한 사이트

1. 구글 플라이트^{Google Flights} https://www.google.com/flights

2. 네이버 항공권 http://store.naver.com/flights

3. 더 가이드 투 슬리핑 인 에어포트^{The Guide to Sleeping in Airports}

   http://www.sleepinginairports.net

4. 땡처리닷컴 www.ttang.com

5. 모몬도^{Momondo} www.momondo.com

6. 스카이스캐너^{Skyscanner} www.skyscanner.co.kr

7. 시트구루^{SeatGuru} https://www.seatguru.com

8. 시트익스퍼트^{SeatExpert} http://seatexpert.com

9. 씨크릿플라잉^{SecretFlying} http://www.secretflying.com

10. 에어페어 와치독^{Airfarewatchdog} http://www.airfarewatchdog.com

11. 와이어리스 패스워드 프럼 에어포트 앤드 라운지 어라운드 더 월드

    Wireless Passwords From Airports And Lounges Around The World

    https://www.google.com/maps/d/viewer?mid=1Z1dl8hoBZSJ

    NWFx2xr_MMxSxSxY

12. 와이페이모어^{Whypaymore} www.whypaymore.co.kr

13. 웨어 투 크레딧^{Where to Credit} http://www.wheretocredit.com

14. 익스피디아^{Expedia} www.expedia.com

15. 인터파크투어 http://tour.interpark.com

16. 자동출입국심사서비스 www.ses.go.kr

17. 카약^{Kayak} https://www.kayak.com

18. 티몬 실시간 항공 www.ticketmonster.co.kr

19. 프라이어러티 패스^{Priority Pass} https://www.prioritypass.com

20. 플라이트 메모리^{Flight Memory} https://www.flightmemory.com

21. 플라이트스타츠^{Flightstats} www.flightstats.com

22. 플라이트어웨어^{FlightAware} https://ko.flightaware.com/live

23. 하나프리 www.hanafree.com

24. 하나투어 글로벌 플라이트^{Global Flight}

    http://globalflight.hanatour.com

25. 한국도심공항 http://www.calt.co.kr

26. 홉퍼^{Hopper} https://www.hopper.com

항공사 코드

	S7 항공	러시아	S7
	가루다인도네시아항공	인도네시아	GA
	대한항공	한국	KE
	델타항공	미국	DL
	라오항공	라오스	QV
	로얄에어모로코	모로코	AT
	루프트한자항공	독일	LH
	만다린항공	대만	AE
	말레이시아항공	말레이시아	MH
	몽골항공	몽골	OM
	미국남부화물항공	미국	9S
	베트남항공	베트남	VN
	비엣젯항공	베트남	VJ
	사천항공	중국	3U
	산동항공	중국	SC
	상하이항공	중국	FM

	세부퍼시픽항공	필리핀	5J
	솔라시드항공	일본	6J
	스카이앙코르항공	캄보디아	ZA
	스쿠트타이거항공	싱가포르	TR
	실크웨이웨스트항공	아제르바이잔	7L
	심천항공	중국	ZH
	싱가포르항공	싱가포르	SQ
	씨에어	필리핀	XO
	아메리칸항공	미국	AA
	아시아나항공	한국	OZ
	아틀라스항공	미국	5Y
	알리탈리아항공	이탈리아	AZ
	야쿠티아항공	러시아	R3
	양쯔강익스프레스항공	중국	Y8
	에미레이트항공	아랍에미리트	EK
	에바항공	대만	BR

	에어 마카오	중국	NX
	에어 유로파	스페인	UX
	에어 프랑스	프랑스	AF
	에어로로직	독일	3S
	에어로플로트항공	러시아	SU
	에어브릿지	러시아	RU
	에어서울	한국	RS
	에어아스타나	카자흐스탄	KC
	에어아시아 필리핀	필리핀	Z2
	에어아시아엑스	말레이시아	D7
	에어인디아	인도	AI
	에어인천	한국	KJ
	에어재팬	일본	NQ
	에어캐나다	캐나다	AC
	에어홍콩	중국	LD
	에티오피아항공	에티오피아	ET

	에티하드항공	아랍에미리트	EY
	영국항공	영국	BA
	오로라항공	러시아	HZ
	우즈베키스탄항공	우즈베키스탄	HY
	유나이티드항공	미국	UA
	유니항공	대만	B7
	유피에스항공	미국	5X
	이스타항공	한국	ZE
	일본항공	일본	JL
	제이씨인터네셔널항공	캄보디아	QD
	제주항공	한국	7C
	제트에어웨이즈	인도	9W
	중국국제항공	중국	CA
	중국남방항공	중국	CZ
	중국동방항공	중국	MU
	중국우정항공	중국	CF

	중국하문항공	중국	MF
	중국화물항공	중국	CK
CHINA AIRLINES	중화항공	대만	CI
JINAIR	진에어	한국	LJ
CSA	체코항공	체코	OK
SPRING AIRLINES	춘추항공	중국	9C
cargolux	카고룩스항공	룩셈부르크	CV
QATAR	카타르항공	카타르	QR
Cambodia Angkor Air	캄보디아앙코르항공	캄보디아	K6
CATHAY PACIFIC	캐세이패시픽항공	중국	CX
KLM	케이엘엠네덜란드항공	네덜란드	KL
QANTAS	콴타스항공	오스트레일리아	QF
THAILAND	타이에어아시아엑스	태국	XJ
THAI	타이항공	태국	TG

	터키항공	터키	TK
	텐진에어라인	중국	GS
t'way	티웨이항공	한국	TW
PAL express	팔익스프레스항공	필리핀	2P
PAN PACIFIC	팬퍼시픽항공	필리핀	8Y
FedEx.	페덱스	미국	FX
	폴라에어카고	미국	PO
LOT	폴란드항공	폴란드	LO
peach	피치항공	일본	MM
FINNAIR	핀에어	핀란드	AY
	필리핀항공	필리핀	PR
HAWAIIAN	하와이안항공	미국	HA
Hkexpress	홍콩익스프레스항공	홍콩	UO
	홍콩항공	홍콩	HX

베트남 문화의 길을 걷다
〈당신이 알고 싶은 베트남 현장이야기〉

박낙종 지음 | 336쪽 15,000원

"우리와 함께 오랫동안 많은 경험을 공유해 온 나라 베트남! 하지만 우리가 알고 있는 것은 그리 많지 않습니다."
베트남 한국문화원장으로 4년간 공무수행 중에 겪은 다양한 경험들을 소개한다. 더불어 베트남의 역사, 문화, 정치, 사회, 교육, 비즈니스, 한류 등 베트남의 모든 것이 담겨 있다. 베트남에 대한 일반적인 이론서보다는 현장 경험에 의한 체험서! 독자에게 한층 가깝게 다가갈 수 있다.

미친 사회에 느리게 걷기
〈시로 읽는 성공 다이어트 에세이〉

김용원 지음 | 215쪽 11,200원

〈빨리빨리〉로 대변되는 한국, 지은이는 걷는 동안 육체적 건강과 멘탈힐링의 체험을 이야기한다. 걷기는 '일상생활 속에서 건강을 유지할 가장 효과적인 방법 중 하나이며 '다이어트'에도 큰 효과를 발휘한다.'라고 소개한다. 한 편의 시와 에세이를 읽노라면 세상의 구불구불한 길을, 그리고 자신의 내면의 길을 더듬어 간다. 당장 나가 걷고 싶은 욕망을 일으키게 할 것이다!

당신은 회사의 평가에 만족하십니까?
〈직장인을 위한 100점 승진 매뉴얼〉

후지모토 아쯔시 지음 | 188쪽 12,000원

나에 대한 회사의 평가에 만족하는 사람이 있을까?
저자는 내 자신이 나에 대해 내리는 평가와 회사의 평가 사이에 왜 차이가 생기는지를 명쾌하게 분석한다.
좋은 평가를 받을 수 있는 가이드를 제시하므로 많은 직장인에게 지혜의 처방이 될 것이다!

소심한 남자가 사랑받는다
〈소심한 남자가 되는 7가지 노하우〉

정진우 지음 | 296쪽 13,500원

남자, 남편, 아빠, 아들로서 어떻게 더 좋은 인생을 살 수 있을지 고민하는 것은 모든 남자들의 공통사항 아닐까?
'소심한 남자'의 새로운 패러다임! 색다른 7가지의 긍정적 '소심'을 알아보고 당신의 것으로 만들어라.
세상에 더 좋은 영향을 미치는 남자가 될 것이다.

나는 한국어 교사입니다
〈미국에서 펼쳐지는 Dr. 구의 한국어 교실 이야기〉

구은희 지음 | 224쪽 12,000원

한국어는 이제 세계를 향하고 있다. 더 많은 한국어 교사가 필요하다. 저자의 바람처럼 이 책은 그들에게 살아있는 현장 경험과 지침을 전해줄 것이다.
실리콘밸리에서 25년 동안 한국어를 가르치고 있는 저자의 경험담과 세계의 언어로서의 한국어에 대한 이야기가 담겨 있다.

사장님! 얘기 좀 합시다!
〈13년차 직장인, 사표를 던지다〉

조연주 지음 | 192쪽 13,000원

13년간 직장생활을 했다. 4번의 직장을 접었다. 직장이 내게 무엇인가, 어떤 의미인가, 저자는 평범하지만은 않았던 낡고 초라했던 쓰라린 경험을 이야기한다. 지극히 개인적인 이야기지만 대한민국의 흔한 직장인의 고군분투기로 직장인들에게 공감과 위로가 되길 바란다. 소통을 통해 리더와 구성원이 함께 비전을 나누고 성장하는 메시지가 담긴 대한민국 직장인의 '공감일기'이다.